职业院校化工类专业课程教材

化学反应器与操作

刘亚群　霍靓靓　主编

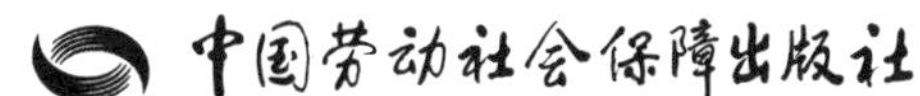

图书在版编目（CIP）数据

化学反应器与操作 / 刘亚群，霍靓靓主编 . -- 北京：中国劳动社会保障出版社，2025. --（职业院校化工类专业课程教材）. -- ISBN 978-7-5167-7007-8

Ⅰ. TQ052.5

中国国家版本馆 CIP 数据核字第 2025L3D735 号

化学反应器与操作

HUAXUE FANYINGQI YU CAOZUO

中国劳动社会保障出版社出版发行

（北京市惠新东街 1 号　邮政编码：100029）

*

北京市科星印刷有限责任公司印刷装订　　新华书店经销

787 毫米 ×1092 毫米　16 开本　10.5 印张　224 千字

2025 年 8 月第 1 版　　2025 年 8 月第 1 次印刷

定价：28.00 元

营销中心电话：400-606-6496

出版社网址：https://www.class.com.cn

《化学反应器与操作》编审委员会

主　编　刘亚群　霍靓靓

编　者（以姓氏笔画为序）

刘亚群　山东化工技师学院

李娟平　山东化工技师学院

张　凯　山东化工技师学院

张皓月　山东化工技师学院

傅　健　广西工业技师学院

霍靓靓　云南技师学院（云南工贸职业技术学院）

主　审　李怀亮　山东化工技师学院

徐志勤　山东化工技师学院

总前言

为了深入贯彻党的二十大精神和习近平总书记关于大力发展技工教育的重要指示精神，落实中共中央办公厅、国务院办公厅印发的《关于推动现代职业教育高质量发展的意见》，推进技工教育高质量发展，全面推进技工院校工学一体化人才培养模式改革，适应技工院校教学模式改革创新，同时为更好地适应技工院校化工类专业的教学要求，全面提升教学质量，我们组织有关学校的一线教师和行业、企业专家，在充分调研企业生产和学校教学情况、广泛听取教师意见的基础上，吸收和借鉴各地技工院校教学改革的成功经验，组织编写了本套职业院校化工类专业课程教材。

总体来看，本套教材具有以下特色：

第一，坚持知识性、准确性、适用性、先进性，体现专业特点。教材编写过程中，努力做到以市场需求为导向，根据化工行业发展现状和趋势，合理选择教材内容，做到“适用、管用、够用”。同时，在严格执行国家有关技术标准的基础上，尽可能多地在教材中介绍化工行业的新知识、新技术、新工艺和新设备，突出教材的先进性。

第二，突出职业教育特色，重视实践能力的培养。以职业能力为本位，根据化工专业毕业生所从事职业的实际需要，适当调整专业知识的深度和难度，合理确定学生应具备的知识结构和能力结构。同时，进一步加强实践性教学的内容，以满足企业对技能型人才的要求。

第三，创新教材编写模式，激发学生学习兴趣。按照教学规律和学生的认知规律，合理安排教材内容，并注重利用图表、实物照片辅助讲解知识点和技能点，为学生营造生动、直观的学习环境。部分教材采用工作手册式、新型活页式，全流程体现产教融合、校企合作，实现理论知识与企业岗位标准、技能要求的高度融合。部分教材在印刷工艺上采用了四色印刷，增强了教材的表现力。

本套教材配有习题册和多媒体电子课件等教学资源，方便教师上课使用，可以通过技工教育网（https://jg.class.com.cn）下载。另外，在部分教材中针对教学重点和难点制作了演示视频、音频等多媒体素材，学生可扫描二维码在线观看或收听相应内容。

本套教材的编写工作得到了北京、河南、山东、云南、江苏、江西、四川、广西、广东等省（自治区、直辖市）人力资源社会保障厅（局）及有关学校的大力支持，教材编审人员做了大量的工作，在此我们表示诚挚的谢意。同时，恳切希望广大读者对教材提出宝贵的意见和建议。

本书前言

本教材以典型化学反应器操作为课题载体，以化学反应器的认知、操作、维护为具体任务。教材编写遵循项目驱动、任务引领的原则，充分考虑工学结合教学实施方式，重点突出化学反应器及装置系统的操作与维护内容，力求做到理论联系实际，语言通俗易懂。通过突出化学反应器操作的学习与实践，以提高学生对化学反应器的理解能力，使学生初步掌握化学反应器的操作技能，为日后更好地适应工作岗位奠定坚实的基础。

本教材详细介绍了通用化学反应器所需掌握的实用知识和技能。全书共分六个课题，主要内容包括釜式反应器的操作、管式反应器的操作、塔式反应器的操作、固定床反应器的操作、流化床反应器的操作、其他形式反应器的操作。

本教材由刘亚群、霍靓靓主编，其中刘亚群编写了绪论和课题一，傅健编写了课题二，霍靓靓编写了课题三，张凯编写了课题四，李娟平编写了课题五，张皓月编写了课题六。

《化学反应器与操作》既可作为技工院校和职业院校化工类专业教材，也可作为职业培训教材。

编者

2025 年 6 月

目　录

绪　论

学习目标

1. 掌握化学反应器的发展过程
2. 掌握化学反应器的分类
3. 了解常见化学反应器的操作方式

一、化学反应工程的发展及反应器的应用

20世纪60年代，化学工程学已经发展成一个包含热力学、动力学、传递现象、单元操作、反应工程、设备设计与控制，以及工厂设计与系统工程等多个分支的学科体系。其特征被归纳为“三传一反”，即质量传递、热量传递、动量传递及反应工程。其中，反应工程的任务是研究如何控制化学反应器的化学转化率，以最终实现化学反应器的最优设计。

这一时期正值石油化学工业大发展的黄金时期，人们对通用塑料、合成橡胶和合成纤维的需求快速增加。伴随产量增加的是利润率的下降，规模化生产以降低物耗和能耗作为增加企业利润的主要手段。化学反应工程学研究主要服务于化学工业对规模化生产的要求，以反应过程的强化为主要任务，对生产过程进行系统的优化，追求时空效率和物能利用的最大化。

化学反应工程学主要研究内容包括反应动力学、反应过程中的传质与传热、各类化学反应规模的放大、各类化学反应器的建模、过程的优化与控制等。化学反应工程与化学工业相互促进并迅速发展。经过30多年的发展，以反应工程和传递现象为核心的化学反应工程日渐成熟，以石油化工为代表的大宗化学品的生产技术也日渐成熟。为追求时空效率和物能利用的最大化，大宗化学品的生产工艺主要采用连续反应，对于难以连续反应的体系，如聚氯乙烯的生产，则采用大型反应器。然而，一方面，传统大宗化学品的生产随着全球化的发展而日趋激烈，利润率下降，以乙烯工程为例，其规模现在必须达到60万吨以上才有经济效益。

另一方面，随着生物技术、纳米技术、电子信息技术和环境科学的迅速发展和人们对更高生活质量的追求，市场对以药物、新材料为代表的功能化学品和材料的需求迅速增加。为适应市场需要和追求高额利润，大型化工公司纷纷将精细化学品和新材料作为发展重点，进行核心产业的转移。

在确保石油化工进入成熟期的同时，发达国家目前正大力推进生物技术、新材料、新能源技术的发展，使之进入快速成长期，并不断加大投入，以技术创新和领先作为抢占未来制高点的首要手段。面对这些变化，作为与化学工业生产最为密切的化学反应工程学科，有必要从单纯注重过程研究，拓展到以产品结构和性能为核心，兼顾过程工程的产品工程领域，跟上新材料、医药、生物、电子、通信等领域的飞速发展的步伐，引领化学工程学科进一步发展。

我国反应器的应用始于古代，制造陶器的窑炉就是一种原始的反应器。近代工业中的反应器形式多样，例如，冶金工业中的高炉和转炉，生物工程中的发酵罐以及各种燃烧器，都是不同形式的反应器。

二、化学反应在化工生产过程中的地位

化工生产过程一般可概括为原料预处理、化学反应和产品分离及精制三大步骤。其中，化学反应是合成新产品的最重要的步骤。

化学反应完成了由原料到产物的转变，是化工生产过程的核心。化学反应类型繁多：按反应特性分，有氧化、还原、加氢、脱氧、歧化、异构化、烷基化、聚合、缩合、酯化、磺化、硝化、卤化、重氮化等众多反应；按反应体系中物料的相态分，有均相反应和非均相反应（多相反应）；按是否使用催化剂来分，有催化反应和非催化反应。影响产品数量和质量的主要因素包括反应温度、压力、原料浓度、催化剂（多数反应需要）、物料的性质以及反应设备的技术水平等。

三、化学反应器的分类

实现化学反应过程的设备称为化学反应器。工业领域的化学反应器的类型众多，不同反应过程，所用的化学反应器形式不同。化学反应器按结构特点分，有管式反应器、床式反应器（有固定床、移动床、流化床及沸腾床等）、釜式反应器和塔式反应器等；按操作方式分，有间歇式、连续式和半连续式三种；按换热状况分，有等温反应器、绝热反应器和变温反应器，换热方式有间接换热式和直接换热式。

化学反应器的形式多种多样，下面从不同分类的角度对常见的工业领域的化学反应器进行简单的介绍。

1. 按操作方式分类

（1）间歇操作反应器

间歇操作反应器是指间歇进行化学反应的装置。在反应之前将原料按一定配比一次性加入反应器中，待反应达到一定要求后，一次性卸出物料。

间歇操作反应器的优点是设备简单，同一设备可用于生产多种产品，尤其适合于医药、

染料等工业小批量、多品种的生产。另外，间歇操作反应器中不存在物料的返混，对大多数反应有利。缺点是需要装卸料、清洗等辅助工序，产品质量不易稳定。

（2）连续操作反应器

连续操作反应器是指连续进行化学反应的装置。反应物先连续加入反应器直到反应达到规定的转化率，然后把产物连续引出反应器，此过程属于稳态过程，釜式、管式和塔式反应器都可以作为连续操作反应器。

连续操作反应器的优点是适宜于大规模的工业生产，生产能力较强，产品质量稳定，易于实现自动化操作。

连续操作反应器的缺点是连续操作反应器中都存在程度不同的返混，这对大多数反应皆为不利因素，应通过反应器合理选型和结构设计加以抑制。

（3）半连续操作反应器

将部分反应物在反应前一次性加入反应器，其余的反应物在反应过程中连续加入，或者在反应过程中将某种产物连续地从反应器中取出，这种反应器称为半连续反应器，又称为半间歇反应器。

半连续式反应器是一种结合连续式反应器和间歇反应器两者特点而产生的反应器，具有反应控制灵活、生产效率高、适应多种反应体系等优点；同时具有操作复杂度增加、投资成本较高、设备的维护和保养难度大等缺点。

2. 按流体流动及混合形式分类

（1）平推流反应器

物料在长径比很大的反应器中流动时，如果反应器中每一微元体积里的流体以相同的速度向前移动，此时在流体的流动方向不存在返混，这就是平推流反应器，如图 0–1–1 所示。该反应器的特点是各物料微元通过反应器的停留时间相同，物料在反应器中沿流动方向逐段向前移动，无返混，物料组成和温度等参数沿管程递变，但是每一个截面上物料组成和温度等参数不随时间而变化，属于连续稳态操作，该反应器结构一般为管式结构。

（2）理想混合流反应器

理想混合流反应器的物料微元与器内原有的物料微元瞬间能充分混合（反应器中的强烈搅拌），反应器中各点浓度相等，不随时间变化。

该反应器的特点是各物料微元在反应器的停留时间不相同，物料充分混合，返混最严重，反应器中各点物料组成和温度相同，不随时间变化，连续釜式反应器就是全混流反应器（近似理想混合流反应器），如图 0–1–2 所示。

（3）非理想混合流反应器

实际反应器，主要是由于理想混合流反应器在工业生产中存在死角、沟流、旁路、短路及不均匀的速度分布，使物料流动形态偏离理想流动。

3. 按反应器的形状和结构分类

（1）管式反应器

由长径比较大的空管或填充管构成，可用于实现气相反应和液相反应。

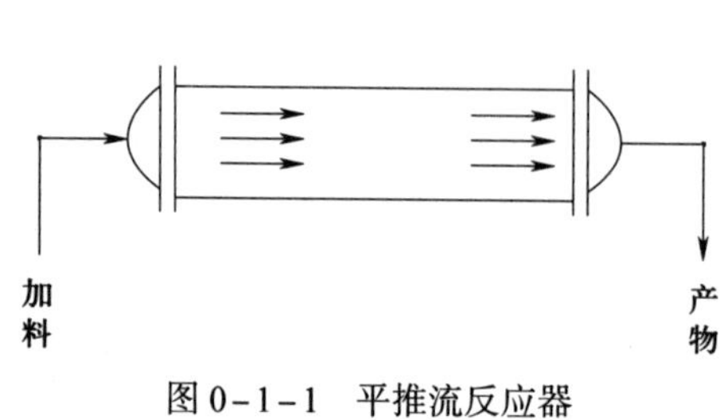

图 0–1–1　平推流反应器

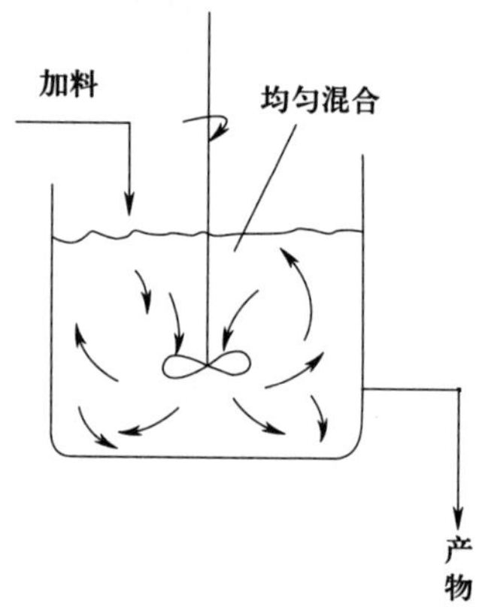

图 0–1–2　连续釜式反应器

（2）釜式反应器

由长径比较小的圆筒形容器构成，常装有机械搅拌或气流搅拌装置，可用于液相单相反应过程和液液相、气液相、液固相等多相反应过程。用于气液相反应过程的称为鼓泡搅拌釜；用于气液固相反应过程的称为搅拌釜式浆态反应器。

（3）有固体颗粒床层的反应器

气体或（和）液体通过固定的或运动的固体颗粒床层以实现多相反应过程，包括固定床反应器、流化床反应器、移动床反应器、滴流床反应器等。

（4）塔式反应器

用于实现气液相或液液相反应过程的塔式设备，包括填料塔、板式塔、鼓泡塔等。

（5）喷射反应器

利用喷射器进行混合，实现气相或液相单相反应过程和气液相、液液相等多相反应过程的设备。

（6）其他多种典型反应器

如微反应器、回转窑、曝气池等。

四、常见化学反应器的操作方式

化学反应器有三种操作方式，即间歇式、连续式和半连续式。

1. 间歇式操作

间歇式操作是把所需的原料先一次性装入反应器内，然后在其中进行化学反应，经一定时间后，达到所要求的反应程度时卸出全部物料，其中主要是反应产物以及少量未被转化的原料。接着是清洗反应器，继而进行下一批原料的装入、反应和卸料。间歇反应过程是一个非定态过程，反应器内物系的组成随时间而变，这是间歇过程的基本特征。间歇操作反应器在反应过程中既没有物料的输入，也没有物料的输出，即不存在物料的流动，整个反应过程都是在恒容下进行的。反应物系若为气体，则必须充满整个反应器空间；若为液体，则不用充满反应器空间，但由于压力的变化而引起液体体积的改变通常可以忽略，因此可以按恒容处理。

采用间歇式操作的反应器几乎都是釜式反应器，其余类型极为罕见。间歇操作反应器适用于反应速率慢的化学反应，以及产量小的化学品生产过程，对于那些产量少而产品的品种多的企业尤为适宜。

2. 连续式操作

连续式操作的特征是连续地将原料输入反应器，反应产物也连续地从反应器流出，采用连续式操作的反应器称为连续操作反应器或流动反应器。前面所述的各类反应器都可采用连续式操作。对于工业生产中某些类型的反应器，连续式操作是唯一可采用的操作方式。连续式操作反应器多属于定态操作，此时该反应器内任何部位的物系参数，如浓度及反应温度等均不随时间而改变，但随位置而改变。大规模工业生产的反应器绝大部分都是采用连续式操作，因为它具有产品质量稳定、劳动生产率高、便于实现机械化和自动化等优点。这些都是间歇式操作无法与之相比的。然而连续式操作系统一旦建立，想要改变产品品种是十分困难的，有时甚至要较大幅度地改变产品产量也不易办到，间歇式操作系统则较为灵活。

3. 半连续式操作

原料与产物只要其中的一种为连续输入或输出而其余则为分批加入或卸出的操作，均属于半连续式操作，相应的反应器称为半连续操作反应器或半间歇操作反应器。由此可见，半连续式操作具有连续式操作和间歇式操作的某些特征。该反应器内有连续流动的物料，这点与连续式操作相似；也有分批加入或卸出的物料，因而生产是间歇的，这反映了间歇式操作的特点。由于这些原因，半连续操作反应器的反应物系组成必然既随时间而改变，也随反应器内的位置而改变。管式、釜式、塔式以及固定床反应器都可采用半连续式操作方式。

思考与练习

一、多选题

1. 化工生产过程一般分为（　　）三大步骤。

A. 原料预处理　　B. 化学反应

C. 产品分离及精制　　D. 产品销售

2. 化工生产过程中“三传一反”指的是（　　）。

A. 质量传递　　B. 热量传递

C. 动量传递　　D. 反应工程

3. 化学反应器按操作方式分为（　　）。

A. 间歇操作反应器　　B. 连续操作反应器

C. 半连续操作反应器　　D. 管式反应器

4. 按反应器的形状和结构分为（　　）。

A. 管式反应器　　B. 釜式反应器

C. 有固体颗粒床层的反应器　　D. 塔式反应器

二、简答题

1. 简述间歇操作反应器的特点。
2. 简述连续操作反应器的特点。

课题一

釜式反应器的操作

任务一　认识釜式反应器

学习目标

1. 掌握釜式反应器的类型及特点
2. 掌握釜式反应器的结构
3. 了解釜式反应器的发展趋势

任务引入

你是某化工企业的操作员，某天你接到班组长下发的任务，需要用釜式反应器单元装置生产一批次洗涤剂，工作场地是公司洗涤剂生产车间，工作对象是洗涤剂生产装置，其核心设备为釜式反应器。在生产洗涤剂之前，你需要先学习釜式反应器类型及特点、发展趋势及结构，了解相关的知识，为洗涤剂生产奠定基础。

相关知识

一、釜式反应器概述及分类

1. 釜式反应器概述

釜式反应器是一种低高径比的圆筒形反应器，用于实现液相单相反应过程和液液、气液、液固、气液固等多相反应过程。釜式反应器内常设有搅拌（如机械搅拌、气流搅拌等）装置。

在高径比较大时，可用多层搅拌桨叶。在反应过程中物料需加热或冷却时，可在反应器壁处设置夹套，或在反应器内设置换热面，也可通过外循环进行换热。釜式反应器材质根据所从事的生产方式、生产方向的不同而各不相同，材质一般有碳锰钢、不锈钢、锆等其他合金复合材料，主要材质大同小异，大多以不锈钢材质为主。不锈钢反应釜的应用广泛，主要应用于石油、化工、橡胶、农药、染料、医药、食品等多项生产型加工项目。

有搅拌器的釜式反应器是化学工业中广泛采用的反应器之一，它可用来进行液液均相反应，也可用于非均相反应，如非均相液相、液固相、气液相、气液固相等。普遍应用于石油化工、橡胶、农药、染料、医药等工业，用来完成磺化、硝化、氢化、烃化、聚合、缩合等工艺过程，以及有机染料和医药中间体的许多其他工艺过程的反应设备。聚合反应过程约 90% 采用搅拌釜式反应器。在精细化工的生产中，几乎所有的单元操作都可以在搅拌釜式反应器中进行。

2. 釜式反应器的类型

（1）间歇釜式反应器

间歇釜式反应器的工作方法是按一定比例向反应器中添加原料，反应达到一定要求后，一次排出产品。间歇釜式反应器的优点是操作灵活，适应不同操作条件和产品品种，适用于小批量、多品种、反应时间较长的产品生产。间歇釜式反应器的缺点是需有装料和卸料等辅助操作，产品质量也不易稳定。

（2）连续釜式反应器

连续釜式反应器的结构和间歇釜式反应器的结构相同，但连续釜式反应器进出物料的操作是连续的，即一边连续恒定地向反应器内加入反应物，同时连续不断地把反应产物引出反应器，其示意图如图 1－1－1 所示。这样的流动状况很接近理想混合流动模型（全混流模型）。

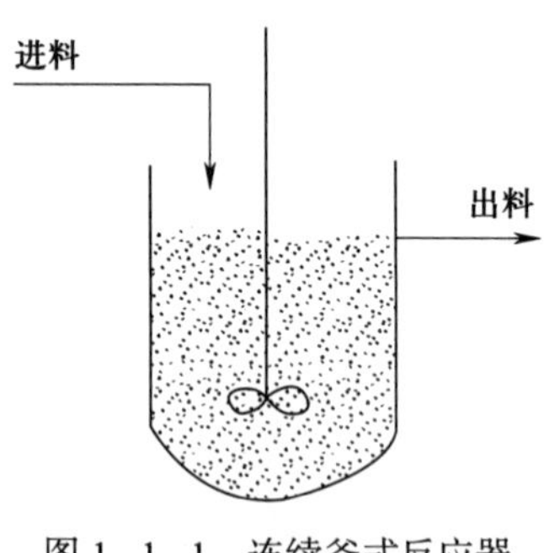

图 1－1－1　连续釜式反应器示意图

连续釜式反应器适用于产量大的产品生产，特别适宜实现对温度敏感的化学反应，容易自动控制，操作简单，节省人力，稳定性好，操作安全。

（3）半连续釜式反应器

半连续釜式反应器是指一种原料一次加入，另一种原料连续加入的釜式反应器，其特性介于间歇釜式反应器和连续釜式反应器之间。

二、釜式反应器的结构

釜式反应器的基本结构主要包括壳体、搅拌装置、轴封装置、换热装置等。

标准型釜式反应器的结构如图 1－1－2 所示，它由钢板卷先焊制成圆筒体，再焊接上由钢板压制的标准釜底，并配上顶盖、夹套、接管、压料管、支座、搅拌装置等部件。

1. 壳体

壳体的主要作用是提供反应器的容积，用来完成物料的物理变化和化学反应。

壳体由筒体、顶盖和下封头构成。筒体皆为圆筒形，顶盖和下封头根据工艺要求可以采用不同形状，下封头常用形状有平面形、蝶形、椭圆形和球形，也有的下封头为锥形，如图 1-1-3 所示；顶盖常用形状有平面形、蝶形、椭圆形和球形。平面形制造比较容易，承受压力相应较低，一般用在釜体直径小、常压或压力不大的反应釜中；椭圆形和蝶形应用较多，高压反应釜多用球形下封头；反应后物料需要用分层的方法进行分离时，使用锥形下封头。

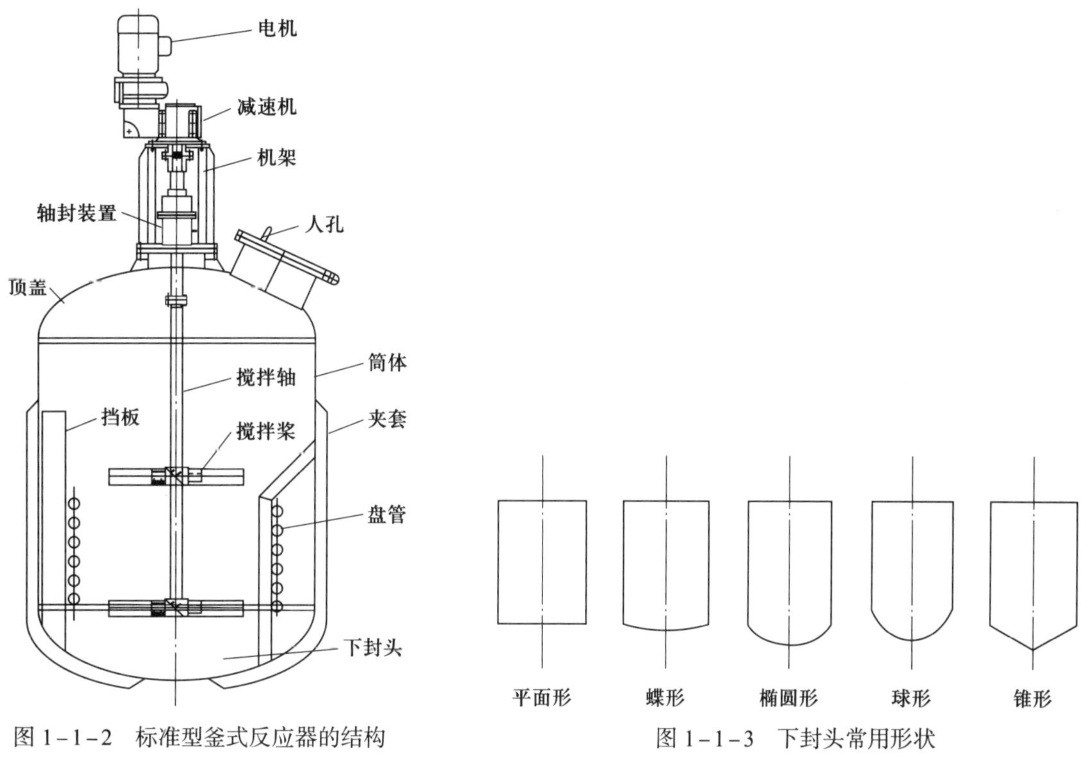

图 1-1-2　标准型釜式反应器的结构

图 1-1-3　下封头常用形状

顶盖和筒体连接常有两种方式：一种是顶盖与筒体直接焊死，如图 1-1-4 所示；另一种考虑拆卸方便使用法兰连接。

图 1-1-4　顶盖与筒体连接方式（焊接连接）

顶盖上有手孔、人孔，视镜，安全装置和其他工艺接管。

（1）人孔、手孔：安装和检修设备内部构件的通道。

（2）视镜：观察设备内部物料的反应情况，也作液面指示用。

（3）安全装置：安全阀和爆破片。

（4）其他工艺接管包括以下几类。

①进料管：伸向反应釜内成 45°，切口指向中央。

②出料管：包括上、下出料管，下出料管的管子设在最低处并成 45°。

③仪表接管：用于测压强、温度以及取样等。

壳体材料根据工艺要求确定，最常用的是铸铁板和普通钢板，也有的采用合金钢板或复合钢板，若壳体的材质为碳钢，为了防腐需要，在反应釜内镀一层搪瓷，这种反应釜称为搪瓷反应釜。若壳体的材质为不锈钢，这种反应釜称为不锈钢反应釜。当用来处理有腐蚀性介质时，可以在反应釜内衬搪瓷、瓷板或橡胶。

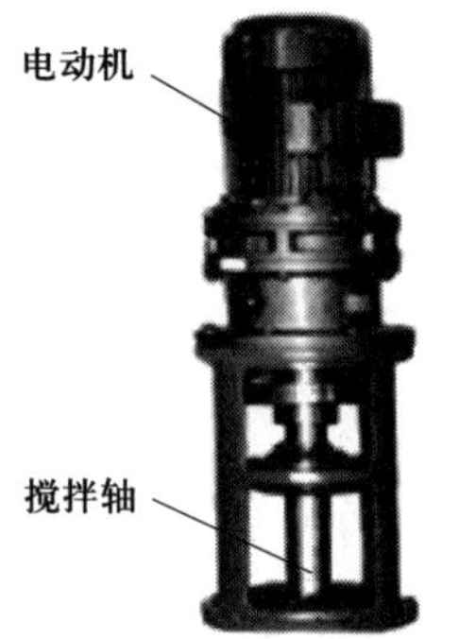

图 1-1-5　反应釜的搅拌装置

2. 搅拌装置

搅拌装置由搅拌器和电动机组成。搅拌器包括搅拌轴和装在轴上的搅拌桨，电动机带动搅拌轴使叶轮旋转，将机械能施加给物料，促使其运动，达到使反应釜内物料混合均匀，目的是强化传质和传热。反应釜的搅拌装置如图 1-1-5 所示。

搅拌桨有不同的形状，适用于不同的场合。常见的搅拌桨形状如图 1-1-6 所示。

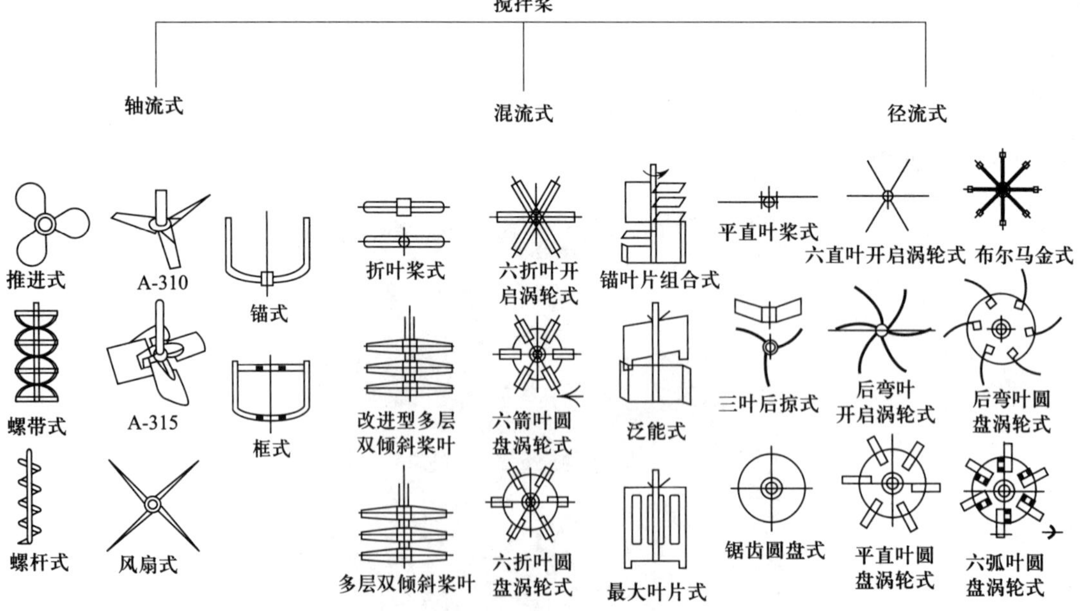

图 1-1-6　常见的搅拌桨形状

3. 轴封装置

轴封装置是用来防止反应釜的壳体与搅拌轴之间发生泄漏，以维持反应釜内的压力（或真空度），避免反应物料逸出和杂质的渗入。轴封装置主要有填料密封和机械密封两种方式。

（1）填料密封（见图 1-1-7）

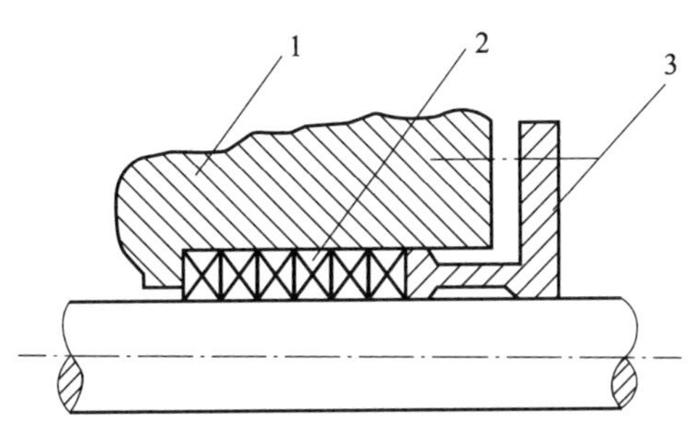

图 1-1-7　填料密封

1—填料箱体　2—填料　3—压盖

填料密封又称填料函密封，由填料箱体（填料函）、填料、油环、衬套、压盖和压紧螺栓等零件组成。常用的填料有石棉织物、碳纤维、橡胶、柔性石墨和工程塑料等。填料箱体用以安置填料。填料固定件包括压盖、螺栓和弹簧等，其作用是使填料预紧，弹簧还可起到补偿作用。填料密封是将填料预制成环状或条状（有的需预先浸渍润滑性好的填充物），填塞在转动轴和填料箱体的内壁之间，紧固压盖上的螺栓，使填料沿填料箱体轴向压紧，由此产生的轴向压缩变形引起填料沿径向内外扩胀，形成其对轴和填料箱体内壁表面的贴紧，从而阻止内部流体向外泄漏。

在化工生产中，填料密封容易泄漏。一旦有毒气体逸出，会污染环境，甚至发生事故。填料密封泄漏的原因主要有以下几方面。

①填料选用不合适。例如，选用的填料不耐介质腐蚀、不耐高压或真空、不耐高温或低温等。

②填料压盖未压紧。只有受到一定的压紧力时，填料才能产生一定的径向形变，充实泵轴（阀杆）与填料筒内壁之间的间隙，从而起到密封作用。当压紧力很小时，填料的径向形变就很有限，密封效果比较差。

③所用填料太细。如果填料太细，当受到填料压盖的挤压作用时，它本身所能产生的径向形变就很有限，不能起到很好的密封作用。

④填料切得太短，两切面不能密合。

⑤填料安装圈数太少，达不到使用要求。

⑥填料安装不正确。主要是由于填料切口角度过大或过小、填料切面的接合方式不正确、各圈填料的切口没有错开等原因造成填料安装不正确。

⑦填料润滑剂选用不当或失效。用于浸渍填料绳的润滑剂必须具有良好的保持性能、润滑性能和成膜性能。当润滑剂选用不当或失效时，填料绳得不到润滑剂的浸润，纤维之间的空隙就得不到密封，轴转动时也得不到充分润滑。若填料老化、干裂就表明填料润滑剂已经

失效。

⑧填料保存不当或超过使用期限，造成老化、干裂或丧失弹性。如果填料绳本身丧失了弹性，当受到填料压盖的挤压作用时，难以发生径向形变，就不能充实轴与填料箱体内壁之间的间隙。

⑨填料筒与压盖筒的径向配合间隙过大。当填料压盖与填料筒不配套、压盖筒的厚度相对于填料腔的宽度小得多时，填料受到压盖的挤压作用就很有限，不能产生充分的径向形变。

⑩填料太硬或夹杂颗粒杂质，长期运转会造成轴的磨损。试验证明，石棉填料对轴的磨损最严重。

填料密封安装时，应先将填料制成填料环，接头处应互为搭接，其开口坡度为 45°，搭接后的直径应与轴径相同；每层接头在圆周内的错角按 0°、180°、90°、270° 交叉放置，压紧压盖时，应均匀、对称地拧紧，压盖与填料箱体端面应平行，且四个方位的间距相等。填料箱体的冷却系统应畅通无阻，保证冷却的效果。

（2）机械密封

机械密封的结构和类型繁多，但工作原理和基本结构都是相同的。机械密封由动环、静环、弹簧加荷装置（弹簧、螺栓、螺母、弹簧座、弹簧压板）及辅助密封圈（动环密封圈、静环密封圈）四个部分组成。由于弹簧力的作用使动环紧紧压在静环上，当轴旋转时，弹簧座、弹簧、弹簧压板、动环等零件随轴一起旋转；而静环则固定在座架上静止不动，动环与静环相接触的环形密封端面阻止了物料的泄漏。机械密封结构较复杂，但密封效果甚佳。

机械密封的安装及日常维护有以下几项要点。

①拆装要按顺序进行，不得磕碰、敲打。

②安装前需逐个检验弹簧的压紧力，并严格按照安装规程进行装配。

③保持动环、静环的端面垂直和平行，防止脏物进入。

④开车前一定要将平衡管排空，保证冷却液体在机械密封的前、后流道畅通无阻。

⑤盘车检查是否有卡住现象，以及密封处的渗漏情况。

⑥开车后检查泄漏情况，正常滴速为 15～30 gtt/min。

⑦定期检查动环、静环的发热情况，以及平衡管和过滤网有无堵塞现象。

4. 换热装置

换热装置是用来加热或冷却反应物料，使之符合工艺要求温度条件的设备，其结构类型主要有夹套式、蛇管式、列管式、外部循环式、回流冷凝式等，其中夹套式和蛇管式如图 1－1－8 所示。

（1）夹套式

夹套式换热装置是套在反应器筒体外面能形成密闭空间的容器。整体夹套由圆柱形壳体和下封头组成，夹套与内筒采用法兰连接和焊接两种连接方式，法兰连接用于操作条件差、需定期检查和经常清洗夹套的场合。

a)

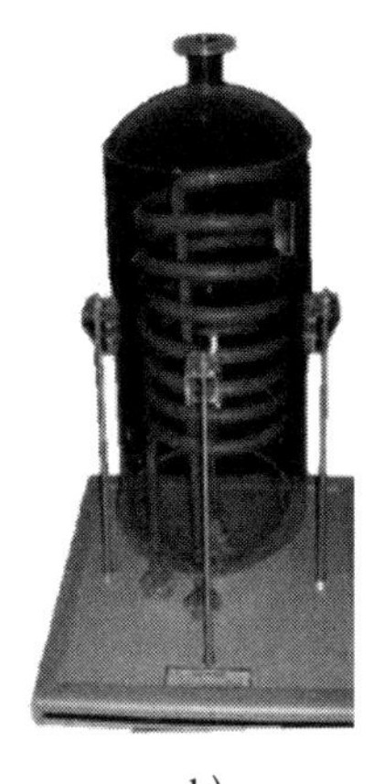

b)

图 1－1－8　换热装置

a）夹套式　b）蛇管式

（2）蛇管式

当夹套式不能满足要求或不宜采用夹套式时，可采用蛇管式换热装置。蛇管置于反应器内，浸入反应介质中，传热效果比夹套好，但检修困难。

（3）列管式

对于大型反应釜，需要高速传热时，可在反应器内安装列管式换热装置。它的主要优点是单位体积所具有的传热面积大，传热效果好，结构简单，操作弹性较大。

（4）外部循环式

当反应器的夹套和蛇管传热面积仍不能满足工艺要求，或由于工艺的特殊要求无法在反应器内安装蛇管时，可以通过泵先将反应器内的料液抽出，经过外部换热器换热后再循环回反应器中。

（5）回流冷凝式

当反应在沸腾温度下进行且反应热效应很大时，可以采用回流冷凝式进行换热，使反应器内产生的蒸汽通过外部的冷凝器加以冷凝，冷凝液返回反应器中。采用这种方法进行传热时，由于蒸汽在冷凝器中以冷凝的方式散热，可以得到很高的给热系数。

三、釜式反应器特点与发展趋势

1. 釜式反应器特点

釜式反应器是化工生产中常用的典型设备之一，其用途是实现化学反应过程。在釜式反应器中物质发生了质的变化，生成了新的物质。一般来说，釜式反应器在化工生产中具有较大的灵活性，操作弹性大，在相同的设备中能进行多品种的生产，故常用于生产产量较少、品种较多的产品。

在化工生产中，釜式反应器因原料的物态（如气体、液体、固体）、反应条件（如温度、压力、浓度以及物质是静止的还是流动的）和反应的热效应（如吸热反应、放热反应）的不同，则有多种多样的类型及结构，但它们都具有以下几点共同特点。

（1）在釜式反应器内完成化学反应过程，并配备搅拌、换热、传动装置，从而使原料在最佳反应条件下进行反应。

（2）高温、高压操作。由于化学反应均需在一定压力、温度下进行，对温度和压力均有一定的要求，所以釜式反应器的操作压力和温度变化范围都很大。

（3）间歇操作。大多数釜式反应器都需进行装料、取样、卸料、清洗等操作。

2. 釜式反应器的发展趋势

在化工生产中，随着对产品质量、种类的要求不断提高，釜式反应器也需不断改进和发展。大容积化可减少批次之间的质量误差，从而提高产品的质量标准；开发新型的搅拌器，以复合型搅拌器代替老式的单一型搅拌器，从而提高传质传热速率；向自动化、连续化方向发展，用计算机控制生产，提高产品质量和效率、改变生产环境，以及消除环境污染已成为时代发展的趋势和目标。具体来说有以下几部分。

（1）大容积化，这是增加产量、减少批量生产之间的质量误差、降低产品成本的有效途径和发展趋势。例如，国内染料生产用釜式反应器多为 6 m^3 以下，其他行业有的达 30 m^3；国外染料行业的釜式反应器有 20～40 m^3，而其他行业可达 120 m^3。

（2）反应釜的搅拌器，已由单一搅拌器发展到用双搅拌器或外加泵强制循环。釜式反应器发展趋势除了装有搅拌器外，还可以使釜体沿水平线旋转，从而提高反应速度。

（3）以生产自动化和连续化代替间歇手工操作，如采用程序控制，既可保证稳定生产，提高产品质量，增加收益，减轻体力劳动，又可消除对环境的污染。

（4）合理地利用热能，选择最佳的工艺操作条件，加强保温措施，提高传热效率，使热损失降至最低限度，余热或反应后产生的热能充分地利用。热管技术的应用，将是今后釜式反应器的发展趋势。

思考与练习

一、单选题

1. 下面哪一个不是釜式反应器的基本结构（　　）。

A. 壳体　　B. 搅拌装置　　C. 轴封装置　　D. 动力装置

2. 搅拌装置的目的是（　　）。

A. 强化传热与传质　　B. 强化传热

C. 强化传质　　D. 提高反应物料温度

3. 釜式反应器的换热方式有夹套式、蛇管式、回流冷凝式和（　　）。

A. 列管式　　B. 间壁式　　C. 外部循环式　　D. 直接式

4. 釜式反应器可用于不少场合，除了（　　）。

A. 气液　　B. 液液　　C. 液固　　D. 气固

二、填空题

1. 釜式反应器的基本结构有________、________、________、________。

2. 釜式反应器的轴封装置分为__________和__________两大类。

3. 釜式反应器常用的换热装置类型有________、________、________、________、________。

任务二　间歇釜式反应器的操作

学习目标

1. 了解并描述间歇釜式反应器的实训装置流程（包括主要动设备、静设备、阀门、仪表）

2. 能进行间歇釜式反应器的开车操作

3. 能进行间歇釜式反应器的停车操作

4. 能维持间歇釜式反应器的正常生产

任务引入

你是某化工企业的操作员，进行了相关的三级安全培训后，被分配到橡胶制品硫化促进剂合成岗位，某天你接到班组长下发的任务，需要用间歇釜式反应器合成一批硫化促进剂（2- 巯基苯并噻唑）。在生产硫化促进剂之前，你需要先学习生产工艺流程和间歇釜式反应器的操作（冷态开车、正常停车、正常工况维持），为生产奠定基础。

相关知识

一、工艺流程简述

间歇反应在助剂、制药、染料等行业的生产过程中很常见。本工艺过程的产品（2- 巯基苯并噻唑）就是橡胶制品硫化促进剂 DM（2,2- 二硫代苯并噻唑）的中间产品，它本身也是硫化促进剂，但活性不如 DM。合成所用的原料分别为多硫化钠（Na_2S_x）、邻氯硝基苯（$C_6H_4ClNO_2$）及二硫化碳（CS_2）。

1. 原料、产品主要性质及安全使用注意事项（见表 1–2–1）

表 1–2–1 原料、产品主要性质及安全使用注意事项表

序号	名称	产品主要性质	安全使用注意事项
1	多硫化钠	多硫化钠是一系列无机物，分子式是 Na_2S_x。具有溶于水、醇的性质。Na_2S_x 随着 x 值的变化，外观由黄色逐渐加深至深红色，亦可能有灰黄或黄绿色等外观。多硫化钠是强烈吸潮性结晶。通常制成溶液状态使用	多硫化钠易燃，具强腐蚀性、刺激性，可致人体灼伤。 多硫化钠需要密闭操作。建议操作人员佩戴自吸过滤式防尘口罩，戴化学安全防护眼镜，穿橡胶耐酸碱服，戴橡胶耐酸碱手套。远离火种、热源，工作场所严禁吸烟。使用防爆型的通风系统和设备。避免产生粉尘
2	邻氯硝基苯	邻氯硝基苯，又名 2–氯硝基苯，是一种有机化合物，化学式为 $C_6H_4ClNO_2$，主要用作有机合成中间体。外观：淡黄色结晶性粉末。溶解性：不溶于水，溶于乙醇、乙醚、苯	危险特性：遇明火能燃烧。受高热分解放出有毒的气体。产生的有害燃烧产物：一氧化碳、氮氧化物、氯化氢。 操作注意事项：密闭操作，提供充分的局部排风。操作人员必须经过专门培训，严格遵守操作规程。建议操作人员佩戴自吸过滤式防尘口罩，戴化学安全防护眼镜，穿防毒物渗透工作服，戴橡胶手套。远离火种、热源，工作场所严禁吸烟。使用防爆型的通风系统和设备。避免产生粉尘。避免与氧化剂、还原剂、碱类接触
3	二硫化碳	二硫化碳，是一种无机化合物，化学式为 CS_2，为无色液体，是一种常见的溶剂。在常温常压下二硫化碳为无色透明微带芳香味的脂溶性液体，有杂质时呈黄色，不溶于水，溶于乙醇、乙醚等多数有机溶剂，具有极强的挥发性、易燃性和爆炸性	二硫化碳极易燃，其蒸气能与空气形成范围广阔的爆炸性混合物。接触热、火星、火焰或氧化剂易燃烧爆炸。受热分解产生有毒的硫化物烟气。二硫化碳是损害神经和血管的毒物。 安全操作注意事项：工作人员不准带火种、手机、手表、钥匙等金属物；必须穿戴好规定的防护用品，不准穿带铁钉的鞋；开关阀门时，工具要轻拿轻放，以免撞出火花
4	2–巯基苯并噻唑	2–巯基苯并噻唑，又名促进剂 M，是一种有机化合物，化学式为 $C_7H_5NS_2$。淡黄色针状或片状单斜晶体，有难闻气味和特殊苦味。不溶于水，25 ℃时在乙醇中的溶解度为 2 g/100 mL，在丙酮中为 10 g/100 mL。在四氯化碳中小于 0.2 g/100 mL，在冰乙酸中有中等溶解度，溶于碱和碱金属的碳酸盐溶液中	2–巯基苯并噻唑对人体有一定的毒性。在接触或吸入时，可能引起刺激、过敏或中毒反应。在使用或处理该化合物时，必须采取适当的防护措施，如佩戴防护眼镜、手套和防护服。 2–巯基苯并噻唑是易燃化合物，可以引起火灾或爆炸。应避免与火源或明火接触，并储存在防火柜中。2–巯基苯并噻唑应存放在干燥、密闭的容器中，远离火源、高温和氧化剂。避免长时间暴露在空气中，以防止其分解

2. 间歇釜式反应器工段的主要设备

（1）间歇反应釜（RX01），主要作用为原料合成产品的主要场所。

（2）CS_2 计量罐（VX01），主要作用为储存二硫化碳。

（3）邻氯硝基苯计量罐（VX02），主要作用为储存邻氯硝基苯。

（4）Na_2S_x 沉淀罐（VX03），主要作用为储存多硫化钠。

（5）进料泵（PUMP1），主要作用为输送多硫化钠。

3. 间歇釜式反应器的工艺流程

间歇釜式反应器工艺流程的分散控制系统图和现场图分别如图 1-2-1 和图 1-2-2 所示。

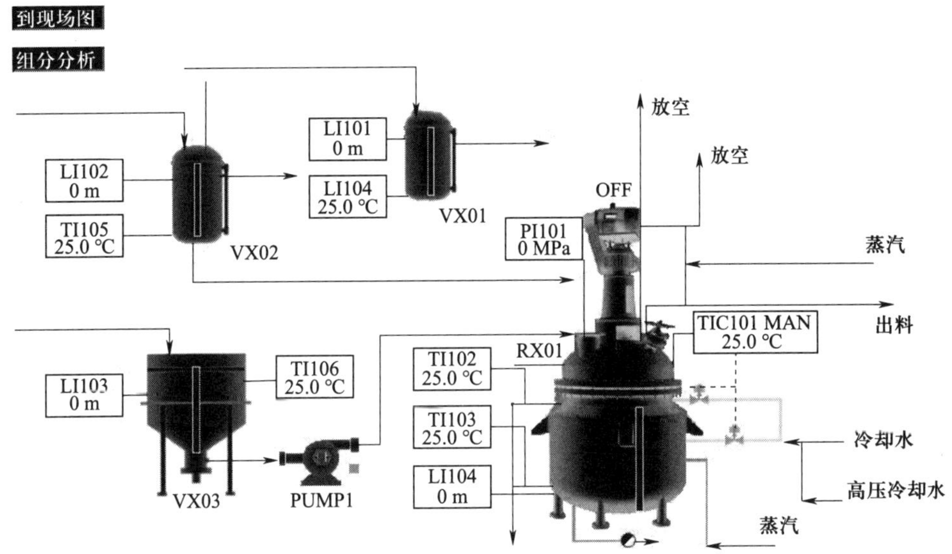

图 1-2-1　间歇釜式反应器的工艺流程分散控制系统图

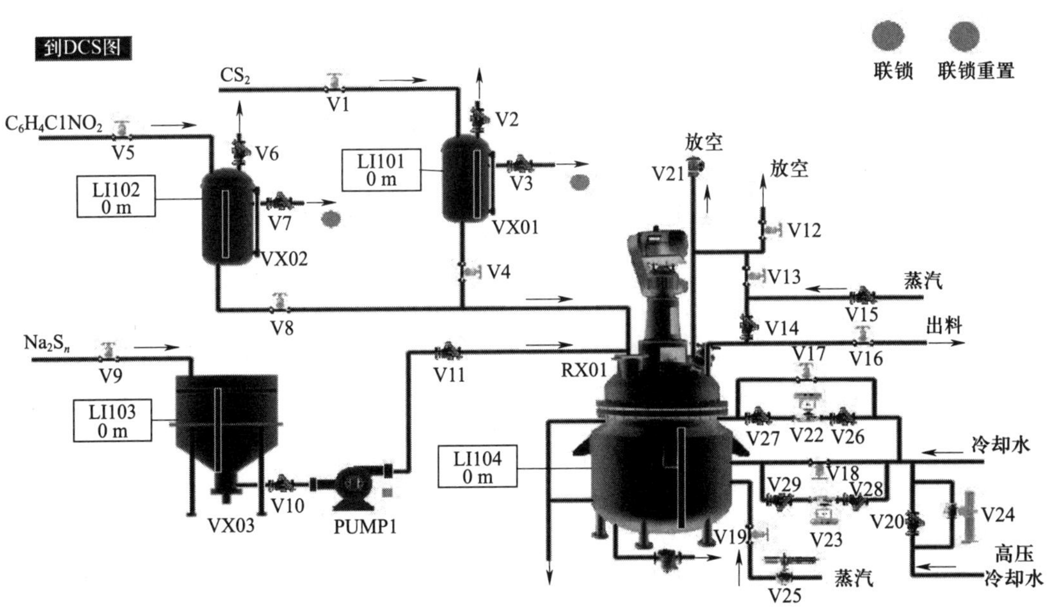

图 1-2-2　间歇釜式反应器的工艺流程现场图

2-巯基苯并噻唑全流程的缩合反应包括备料工序和缩合工序。考虑到突出重点，此处将备料工序略去。缩合工序共有三种原料，分别为多硫化钠（Na_2S_x）、邻氯硝基苯（$C_6H_4ClNO_2$）及二硫化碳（CS_2）。

主反应如下：

$$2C_6H_4NClO_2 + Na_2S_x \rightarrow C_{12}H_8N_2S_2O_4 + 2NaCl + (x-2)S\downarrow$$

$$C_{12}H_8N_2S_2O_4 + 2CS_2 + 2H_2O + 3Na_2S_x \rightarrow 2C_7H_4NS_2Na + 2H_2S\uparrow + 2Na_2S_2O_3 + (3x-4)S\downarrow$$

副反应如下：

$$C_6H_4NClO_2 + Na_2S_x + H_2O \rightarrow C_6H_6NCl + Na_2S_2O_3 + (x-2)S\downarrow$$

工艺流程：来自备料工序的 CS_2、$C_6H_4ClNO_2$、Na_2S_x 分别注入计量罐及沉淀罐中，经计量、沉淀后利用位差及离心泵压入反应釜中，釜温由夹套中的蒸汽、冷却水及蛇管中的冷却水控制，设有温度指示控制器 TIC101（只控制冷却水），通过控制反应釜温度来控制主反应速度及副反应速度，来获得较高的收率及确保反应过程安全。

在本工艺流程中，主反应的活化能实际上要比副反应的活化能低，因此升温后更有利于主反应的进行，从而提高反应速率。在 90 ℃时，主反应和副反应的速度相对接近，为了获得更多的主反应产物，应尽量延长反应温度在 90 ℃以上的时间。

二、间歇釜式反应器的操作

装置开工状态时，各计量罐、反应釜、沉淀罐处于常温、常压的状态，各种物料均已备好，大部分阀门、机泵处于关停状态（除蒸汽联锁阀外）。

1. 间歇釜式反应器的开车操作

（1）备料过程

①向 VX03 进料（Na_2S_x）：开启阀门 V9，向 VX03 充液。VX03 液位接近 3.60 m 时，关小 V9，至 3.60 m 时关闭 V9。静置 4 min（实际 4 h）备用。

②向 VX01 进料（CS_2）：开启放空阀门 V2。开启溢流阀门 V3。开启进料阀 V1，开度约为 50%，向 VX01 充液；液位接近 1.4 m 时，可关小 V1。溢流标志变绿后，迅速关闭 V1。待溢流标志再度变红后，可关闭溢流阀 V3。

③向计量罐 VX02 进料（$C_6H_4ClNO_2$）：开启放空阀门 V6。开启溢流阀门 V7。开启进料阀 V5，开度约为 50%，向 VX02 充液；液位接近 1.2 m 时，可关小 V5。溢流标志变绿后，迅速关闭 V5。待溢流标志再度变红后，可关闭 V7。

（2）进原料

①微开放空阀 V12，准备进料。

②从 VX03 中向 RX01 中进料（Na_2S_x）：开启泵前阀 V10，向进料泵 PUMP1 中充液。开启 PUMP1。开启泵后阀 V11，向 RX01 中进料。至液位小于 0.1 m 时停止进料。关闭泵后阀 V11。关闭 PUMP1。关闭泵前阀 V10。

③从 VX01 中向 RX01 中进料（CS_2）：检查放空阀 V2 是否开放。打开进料阀 V4 向 RX01 中进料。待进料完毕后关闭 V4。

④从 VX02 中向 RX01 中进料（$C_6H_4ClNO_2$）：检查放空阀 V6 是否开放。打开进料阀 V8

向 RX01 中进料。待进料完毕后关闭 V8。

⑤进料完毕后关闭 V12。

（3）开车阶段

①打开阀门 V26、V27、V28、V29，检查 V12 和进料阀 V4、V8、V11 是否关闭。打开联锁控制。

②开启反应釜搅拌器 M1。

③适当打开夹套蒸汽加热阀 V19，观察反应釜内温度和压力上升情况，保持适当的升温速度。

④控制反应温度直至反应结束。

（4）反应过程控制

①当温度升至 65 ℃时，关闭 V19，停止通蒸汽加热。

②当温度高于 75 ℃时，打开 TIC101，使其开度略大于 50%，通冷却水。

③当温度升至 110 ℃以上时，是反应剧烈的阶段。应小心加以控制，防止超温。当温度难以控制时，打开高压水阀 V20。并可关闭反应釜搅拌器 M1，使反应降速。当压力过高时，可微开 V12 以降低气压，但放空会使 CS_2 损失，污染大气。通过冷却水维持反应温度在 110～128 ℃。

④反应温度高于 128 ℃时，相当于压力超过 8 atm（1 atm = 101 325 Pa），已处于事故状态，如联锁开关处于“on”的状态，联锁启动（开高压冷却水阀，关闭反应釜搅拌器，关加热蒸汽阀）。

⑤压力超过 15 atm（相当于温度高于 160 ℃），反应釜安全阀作用。

（5）反应结束，出料

①当邻氯硝基苯浓度小于 0.1 mol/L 时，反应结束，关闭 M1。

②开 V12，放可燃气。

③开 V12 阀 5～10 s 后关 V12。

④通增压蒸汽，打开蒸汽总阀 V15、V13。

⑤开蒸汽预热阀 V14 片刻后关闭 V14。

⑥开出料阀 V16，出料。

⑦出料完毕，保持吹扫 10 s，关闭 V15。

2. 间歇釜式反应器的正常工况控制要点

（1）反应中要求的工艺参数

①反应釜中压力不大于 8 atm。

②冷却水出口温度不低于 60 ℃，若低于 60 ℃易使硫在反应釜壁和蛇管表面结晶，使传热不畅。

（2）主要工艺生产指标的调节方法

操作过程中以温度为主要调节对象，以压力为辅助调节对象。

①温度调节：釜温由夹套中的蒸汽、冷却水及蛇管中的冷却水控制。具体来说，前期主

要是靠夹套换热器通蒸汽提高温度；反应进行中，由于反应放出大量热，所以依靠夹套换热器和蛇管冷却器通冷却水控制反应温度，如果温度控制困难，就增加冷却水流量。维持反应温度在 110～128 ℃。

②压力调节：在压力过高时，可以微开放空阀，使压力降低，以达到安全生产的目的。压力最好控制在 3.5～4.0 atm，最高不超过 7 atm。

③收率：由于在 90 ℃以下时，副反应速度大于正反应速度，因此，在安全的前提下，快速升温至适宜温度范围是提高产率的保证。

3. 间歇釜式反应器的停车操作

在冷却水量很小的情况下，反应釜的温度下降仍较快，则说明反应接近尾声，可以进行停车操作，其规程如下。

（1）打开 V12 5～10 s，放掉反应釜内残存的可燃气体。关闭 V12。

（2）向反应釜内通增压蒸汽。打开 V15。打开蒸汽加压阀 V13 给反应釜内升压，使反应釜内气压高于 4 atm。

（3）打开 V14 片刻。

（4）打开 V16 出料。

（5）出料完毕后，保持出料阀 V16 开启约 10 s 以进行吹扫。

（6）关闭出料阀 V16。

（7）关闭蒸汽阀 V15。

4. 间歇釜式反应器常见的异常现象及处理方法

（1）超温（超压）事故

原因：反应釜超温（超压）。

异常现象：温度高于 128 ℃（气压大于 8 atm）。

处理方法：①开大冷却水，打开高压冷却水阀 V20；②关闭 M1，使反应速度下降；③如果气压超过 12 atm，打开 V12。

（2）反应釜搅拌器 M1 停转

原因：M1 损坏。

异常现象：反应速度逐渐下降为低值，产物浓度变化缓慢。

处理方法：停止操作，出料维修。

（3）冷却水阀 V22、V23 卡住（堵塞）

原因：冷却水阀 V22、V23 卡住。

异常现象：开大冷却水阀对控制反应釜温度无作用，且出口温度稳步上升。

处理方法：开冷却水旁路阀 V17 进行调节。

（4）出料管堵塞

原因：出料管硫黄结晶，堵住出料管。

异常现象：出料时，内气压较高，但反应釜内液位下降很慢。

处理方法：开 V14 吹扫 5 min 以上。拆下出料管用火烧化硫黄，或更换管段及阀门。

（5）测温电阻连线故障

原因：测温电阻连线断开。

异常现象：温度显示置零。

处理方法：①改用压力显示对反应进行调节（调节冷却水用量）；②升温至压力为 0.30～0.75 atm 时，停止加热；③升温至压力为 1.0～1.6 atm 时，开始通冷却水；④压力为 3.5～4.0 atm 时为反应剧烈阶段；⑤压力大于 7 atm，相当于温度高于 128 ℃处于故障状态；⑥压力大于 10 atm，反应器联锁启动；⑦压力大于 15 atm，反应器安全阀启动。

思考与练习

一、多选题

1. 下列哪项是间歇釜式反应器的操作步骤？（　　）

A. 备料过程　　B. 进原料

C. 开车阶段　　D. 反应结束，出料

2. 用间歇釜式反应器合成 2,2－二硫代苯并噻唑时，需要控制的工艺指标主要为（　　）。

A. 温度　　B. 压力　　C. 收率　　D. 效率

二、填空题

1. 合成 2,2－二硫代苯并噻唑所用的原料有__________、__________及__________。

2. 间歇釜式反应器工段的主要设备包括_________、_________、_________、_________和离心泵。

三、简答题

1. 请描述本工艺中间歇釜式反应器的工艺流程。

2. 简述超温（超压）事故的处理方法。

3. 简述出料管堵塞的处理方法。

4. 简述操作过程中调节温度的方法。

5. 简述操作过程中调节压力的方法。

任务三　连续釜式反应器的操作

学习目标

1. 了解并描述连续釜式反应器的实训装置流程（包括主要动设备、静设备、阀门、仪表）

2. 能进行连续釜式反应器的开车操作

3. 能进行连续釜式反应器的停车操作

4. 能维持连续釜式反应器的正常生产

任务引入

你是某化工企业的操作员，进行了相关的三级安全培训后，被分配到醋酸合成岗位，某天你接到班组长下发的任务，需要用连续釜式反应器合成一批醋酸。在生产醋酸之前，你需要先学习醋酸生产工艺流程、连续釜式反应器的操作（冷态开车、正常停车、正常工况维持），为醋酸生产奠定基础。

相关知识

一、甲醇低压羰基化法合成醋酸工艺流程

甲醇低压羰基化法合成醋酸所用的反应器是连续釜式反应器，主要操作过程如下：来自一氧化碳总管的一氧化碳气体与来自中间槽区的甲醇及脱轻系统的助催化剂进入连续釜式反应器后，在催化剂的作用下反应生成醋酸，醋酸混合液经蒸发器分离后，产生的粗醋酸进入精馏系统。经过脱轻塔、脱水塔、成品塔精馏后产出成品醋酸。

1. 生产工艺原理

本工艺采用甲醇低压羰基化法来生产醋酸，以甲醇和一氧化碳为原料连续反应生成质量分数大于 99.85% 的醋酸以及少量丙酸、氢气和二氧化碳。

（1）主反应

主反应：　$CH_3OH + CO \longrightarrow CH_3COOH + 2\,281\ kJ/kg$

（2）副反应

变换反应：　$CO + H_2O \rightleftharpoons CO_2 + H_2$

甲烷化反应：　$CH_3OH + H_2 \longrightarrow CH_4 + H_2O$

生成乙醛反应：　$CH_3OH + H_2 + CO \longrightarrow CH_3CHO + H_2O$

生成丙酸反应：　$CH_3COOH + H_2 \longrightarrow CH_3CH_2OH + H_2O$

$CH_3CH_2OH + CO \longrightarrow CH_3CH_2COOH$

2. 醋酸生产工艺流程

本工艺采用甲醇低压羰基化法合成醋酸的工艺生产路线，以甲醇和一氧化碳为原料连续反应生成质量分数大于 99.85% 的醋酸，以及少量丙酸、氢气和二氧化碳。丙酸等重组分废液作为副产品出售，氢气、二氧化碳以及少量未反应的一氧化碳一起排放到火炬或热电车间锅炉。

醋酸生产工序可分为反应工序和精制工序。反应工序包括预处理、合成、转化等工段；精制工序包括蒸发、脱轻、脱水、提馏、脱烷、成品等工段。甲醇低压羰基化法合成醋酸的工艺流程简图如图 1－3－1 所示。

其中，合成工段是生产醋酸的核心，其作用是在催化剂和助催化剂系统的作用下，使一氧化碳与甲醇发生羰基化反应生成醋酸，并带走反应所产生的热量。

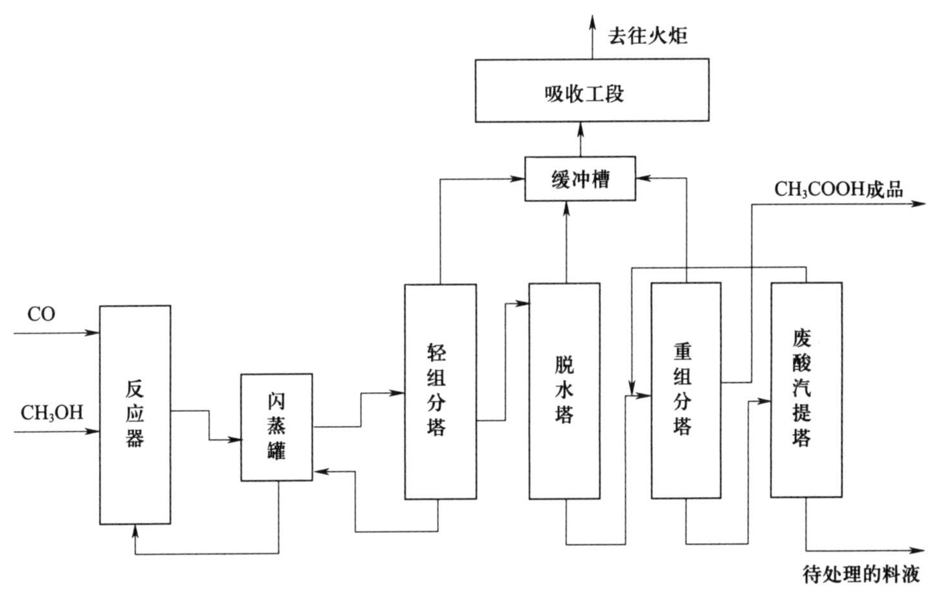

图 1－3－1　甲醇低压羰基化法合成醋酸的工艺流程简图

（1）反应工序

反应在反应器中进行。事先加入催化液。甲醇加热到 185 ℃从反应器底部喷入，CO 用压缩机加压至 2.74 MPa 后也从反应器底部喷入。反应后的物料从塔侧进入闪蒸罐，含有催化剂的溶液从闪蒸罐底流回反应器。含有醋酸、水、碘甲烷和碘化氢的蒸气从闪蒸罐顶部出来进入精制工序。反应温度为 130～180 ℃，以 175 ℃为最佳。若温度过高，则副产物甲烷和二氧化碳会增多。

（2）精制工序

由闪蒸罐来的气流进入轻组分塔，轻组分塔顶蒸出物进入缓冲槽，缓冲槽出来的气体送往吸收工段；碘化氢、水和醋酸等高沸物和少量铑催化剂从轻组分塔塔底排出再返回闪蒸罐；含水醋酸由轻组分塔侧线出料进入脱水塔上部。

脱水塔塔顶馏出的水中含有碘甲烷、轻质烃和少量醋酸，经过缓冲槽进入吸收工段；脱水塔底主要是含有重组分的醋酸，送往重组分塔。

重组分塔塔顶馏出轻质烃，进入缓冲槽；重组分塔底得到含有丙酸和重质烃的物料，送入废酸汽提塔；重组分塔侧线馏出醋酸成品。

废酸汽提塔塔顶蒸出的醋酸，与脱水塔来的物料混合，一起进入重组分塔，废酸汽提塔底排出的废料，内含丙酸和重质烃，需做进一步处理。

在吸收工序中，用甲醇吸收所有工艺排放气中的碘甲烷，吸收富液泵送回反应器，经过吸收后的气体排放至火炬焚烧放空。

二、连续釜式反应器的操作

1. 连续釜式反应器的开车操作

（1）正常开车程序图（见图 1－3－2）

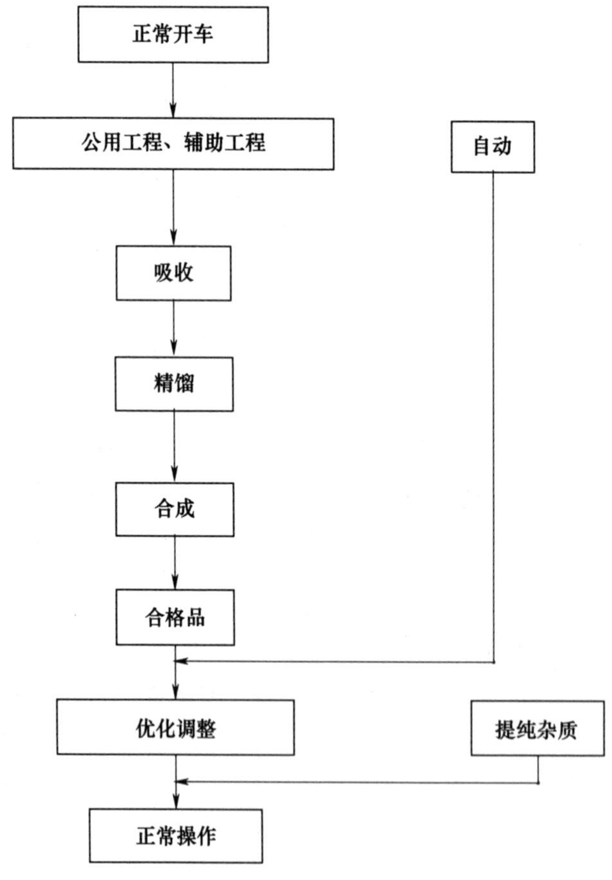

图 1－3－2　正常开车程序图

（2）正常开车程序图说明

正常开车程序图是本装置正常开车步骤的具体描述，为了使正常开车程序图起作用，必须遵循以下几点。

①开车应按箭头所指顺序进行。

②须按正常开车程序图所示顺序进行系统开车。

③某个设备前的所有设备都已开车后，该设备才可开车。例如，在吸收工段系统开车前，应先开高压吸收塔、低压吸收塔、再生塔辅助工段和公用工程。

④平行方块所示设备的开车可同时进行。

⑤开车顺序可从图中任何一点开始，但此点以前的所有设备必须先行投运。

2. 连续釜式反应器的停车操作

（1）停车程序说明

正常停车期间原料和所有公用工程都应处于供应状态，各步骤的停车顺序按正常停车程序进行。

（2）醋酸合成（反应器→闪蒸罐→轻组分塔）停车步骤

因为反应器和轻组分塔是通过闪蒸罐的气相紧密地联系在一起，所以反应器、闪蒸罐、轻组分塔必须同时停车。

正常停车时主要是尽快冷却反应器和保护催化剂不沉淀。一般是逐渐将甲醇加料量（总甲醇流量）减到零，并用 CO 封存反应液。检查母液罐是否处于空罐状态。

思考与练习

一、填空题

1. 甲醇低压羰基化法合成醋酸生产工序可分为__________和__________。

2. 甲醇低压羰基化法合成醋酸反应工序包括__________、__________、__________等工段。

3. 甲醇低压羰基化法合成醋酸生产中，________________是生产醋酸的核心。

二、简答题

1. 甲醇低压羰基化法合成醋酸的原料和产品分别是什么？

2. 简述甲醇低压羰基化法合成醋酸反应工序的主要设备名称。

3. 简述本工艺中反应工序的主要操作过程。

4. 甲醇低压羰基化法合成醋酸生产中，合成工段的作用是什么？

任务四　釜式反应器的故障处理及维护

学习目标

1. 掌握釜式反应器的日常维护
2. 掌握釜式反应器常见的故障
3. 了解常见故障的处理方法

任务引入

你是某化工企业的操作员，要求能和同事合作进行釜式反应器的日常维护保养工作，能和同事合作进行反应釜常见故障的排查及处理工作，在工作开始前，你需要先学习釜式反应器的维护、保养和故障处理的相关知识。

相关知识

一、釜式反应器的日常维护与保养

1. 釜式反应器的日常维护

（1）釜式反应器检查注意事项

①检查减速机润滑油是否足够。

②检查机械密封油盘内冷却油是否足够。

③检查机械密封动静环间的压紧程度是否适中。

④启动电机，检查搅拌桨是否按顺时针方向（从上往下看）转动。

（2）釜式反应器操作注意事项

①严防任何金属硬物掉进反应釜。

②尽量避免冷釜时加热料，热釜时加冷料，以免影响釜式反应器使用寿命。

③采用夹套换热器时，应缓慢进行加压、升温。一般先通入 0.1 MPa（表压）压力蒸汽，保持 15 min 后，再缓慢升压、升温（升温速度以每 10 min 升 0.1 MPa 压力为宜）直到所需操作温度。

④采用夹套换热器时，若冷却采用冷却水，可将冷却水直接通入夹套进行冷却；若采用冷冻水，在通入冷冻水前应先排尽夹套内的存水，冷冻操作完毕后，应及时用空压将冷冻水压回冷冻水槽。

⑤采用夹套换热器时，蒸汽加热采用上进下出，热水加热采用下进上出，冷却水、冷冻水冷却采用下进上出。

⑥反应釜作为反应容器用时，充装余数不超过 75%；作为储罐时，充装余数不超过 90%。

⑦出料时，若出料阀、出料管堵塞，一律用非金属工具（与介质无反应的材料），轻轻捅开，不得碰敲。

⑧清洗反应釜内部时不得使用金属器具。对黏结在反应釜内表面上的物料必须及时清洗干净。

⑨不锈钢反应釜严禁使用强酸介质，搪玻璃反应釜严禁使用含氟介质。

2. 釜式反应器的保养

（1）听减速机和电机声音是否正常，摸减速机、电机、机座轴承等各部位的开车温度情况：一般温度≤40 ℃、最高温度≤60 ℃（手背在上可停留 8 s 以上为正常）。经常检查电机封油盒内是否缺油，必要时补加或更新相应的机油。

（2）检查安全阀、压力表、温度表等安全装置是否准确、灵敏好用，安全阀、压力表、温度表是否已校验，并铅封完好，压力表的红线是否划正确。

（3）经常倾听反应釜内有无异常的振动和响声。

（4）保持搅拌轴清洁且表面光洁，对于采用圆螺母连接的搅拌轴，需检查其轴转动方向是否为顺时针方向旋转，严禁出现反转现象。

（5）定期清洗反应釜并检查搅拌轴、盘管等反应釜内附件情况，紧固松动的螺栓，必要时更换有关零部件。

（6）定期检查反应釜所有进出口气动阀是否开启或关闭到位，若有问题必须及时处理。

（7）做好设备清洁，保证无油污、设备见本色。

二、釜式反应器常见故障与处理方法（见表 1-4-1）

表 1-4-1　　釜式反应器常见故障与处理方法

序号	故障现象	故障原因	处理方法
1	搅拌轴转速降低或停止转动	皮带打滑或者皮带损坏	更换皮带
		电机故障	修理或更换电机
2	轴封泄漏	搅拌轴在填料处磨损或腐蚀	修理或更换新轴
		油环放置不当或油路堵塞	调整油环或清堵
		压盖没压紧，填料质量差或使用过久	压紧压盖或更换填料
		填料箱体腐蚀	修补或更换填料箱体
		机械密封动环、静环端面变形或碰伤	研磨或更换新件
		密封圈失效或装反	更换或正确安装
		弹簧比压小	调整比压
		操作压力、温度不稳	平稳操作
3	静密封点泄漏	法兰、管接头等密封面失效	修理密封面，压紧并更换垫圈

续表

序号	故障现象	故障原因	处理方法
4	反应釜内发生异常响声	搅拌器碰反应釜内壁	停车检查修理
		搅拌器松动	停车修理、紧固
		搅拌轴弯曲	修理或换轴
		轴承损坏，物料结块	停车清理
5	轴承温度过高	润滑油不足或过多	调整油量
		油质不适合或不清洁	更换润滑油
		轴承装配过紧或者过松	调整间隙
		轴承损坏	更换轴承
6	联轴器响声大	螺栓松动	紧固螺栓
		弹性连接件磨损	更换新件
		零部件间隙过大	更换或修理
7	搅拌轴晃动	搅拌轴不直度过大	校直或换轴
		轴承间隙过大	更换轴承
		填料箱体磨损	更换或修理
8	搅拌轴下沉	上端锁紧螺母松动	紧固螺母
		花垫损坏减速机	换垫，使轴回位紧固
		输出轴与搅拌轴找正不好	调整、找正
9	电机过载	轴承等传动件损坏	更换新件
		反应釜内温度低，物料黏度偏高或料面偏高	调整操作条件
10	出料不畅	出料管堵塞压料管损坏	清理、修理或更换配管

思考与练习

一、填空题

1. 采用夹套换热器时，应缓慢进行加压、升温。一般先通入__________压力蒸汽，保持__________min 后，再缓慢升压、升温（升温速度以每 10 min 升 0.1 MPa 压力为宜）直到所需操作温度。

2. 蒸汽加热采用_______进_______出，热水加热采用_______进_______出，冷却水、冷冻水冷却采用下进上出。

3. 出料时，若出料阀、出料管堵塞，一律用__________，轻轻捅开，不得碰敲。

4. 不锈钢反应釜严禁使用____________，搪玻璃反应釜严禁使用____________。

二、简答题

1. 釜式反应器的检查注意事项有哪些?
2. 釜式反应器电机过载的故障原因有哪些？应该采取哪些处理方法?
3. 釜式反应器搅拌轴晃动的故障原因有哪些？应该采取哪些处理方法?

课题二

管式反应器的操作

任务一　认识管式反应器

学习目标

1. 掌握管式反应器的类型及特点
2. 了解管式反应器的发展趋势
3. 掌握管式反应器的结构

任务引入

你是某化工企业的操作员，某天你接到班组长下发的任务，需要用管式反应器合成聚丙烯，工作场地是公司聚丙烯合成车间，工作对象是聚丙烯生产装置，其核心设备为环管反应器。在合成聚丙烯之前，你需要先学习管式反应器类型、特点、发展趋势及结构，了解相关的知识，为聚丙烯生产奠定基础。

相关知识

一、管式反应器的类型及特点

管式反应器是一种呈管状，长度和直径之比（长径比）很大的连续操作反应器。通常管式反应器的长径比大于50，如丙烯催化二聚的反应器管长以千米计。管式反应器可以是单管，也可以是多管串联或并联；可以是空管，如管式裂解炉，也可以是在管内填充颗粒状催化剂的填充管，以进行多相催化反应，如列管式固定床反应器。管式反应器工作时，物料从管道的一端连续输入，产物从管道的另一端连续输出，达成某一转化率，并在流动中完成化学反应。

1. 管式反应器的类型

常用的管式反应器有以下几种类型。

（1）水平管式反应器

水平管式反应器是气相或均液相反应常用的一种管式反应器，由无缝钢管与U形管连接而成，如图2–1–1所示。该管式反应器结构易于加工制造和检修。高压反应管道的连接采用标准槽对焊钢法兰，可承受1.6～10.0 MPa压力。如用透镜面钢法兰，承受压力可达10～20 MPa。

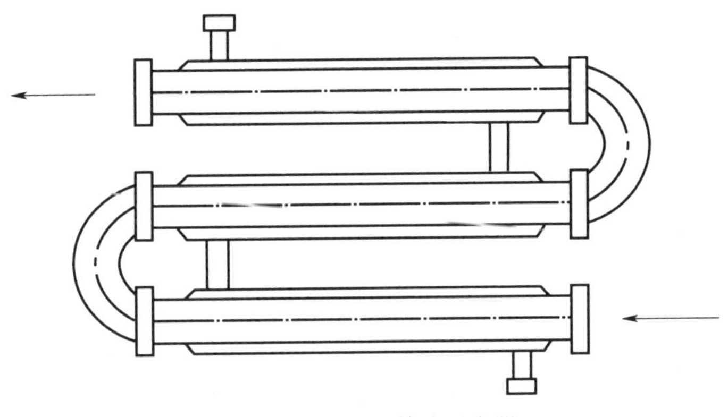

图2–1–1　水平管式反应器

（2）立管式反应器

将反应管竖立安装的反应器称为立管式反应器，因其节省面积的特点被广泛应用于液相氨化反应、液相加氢反应、液相氧化反应等工艺中。图2–1–2为几种常见立管式反应器。图2–1–2a为单程式立管式反应器，图2–1–2b为带中心插管式立管式反应器。有时也将一束立管安装在一个加热套筒内，以节省安装面积，称为夹套式立管式反应器，如图2–1–2c所示。

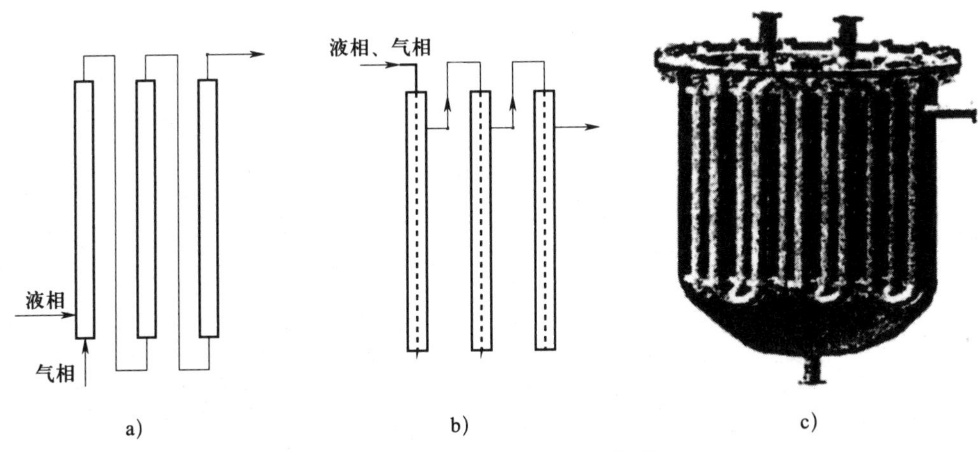

图2–1–2　常见立管式反应器

a）单程式立管式反应器　b）带中心插管式立管式反应器　c）夹套式立管式反应器

（3）盘管式反应器

盘管式反应器是将管式反应器设计成盘管的形式，其设备结构紧凑，能够有效节省空间，适用于空间有限的生产场所。然而，盘管式反应器的检修和管道清刷相对困难。图 2－1－3 所示的盘管式反应器由许多水平盘管上下重叠串联组成。每一个盘管是由许多半径不同的半圆形管子相连接成螺旋形式，螺旋中央留出 400 mm 的空间，便于安装和检修。

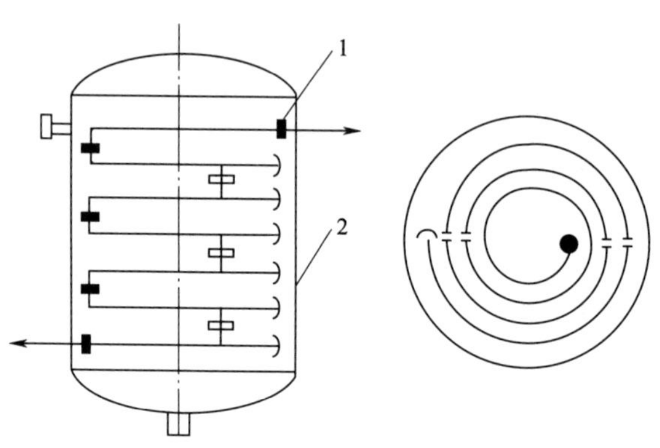

图 2－1－3　盘管式反应器

1—盘管　2—圆筒体

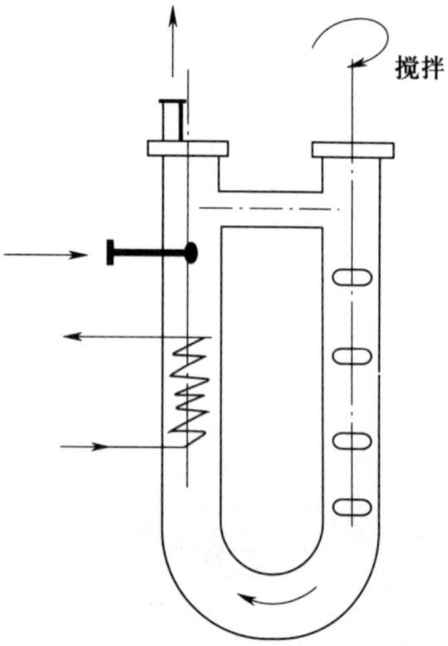

搅拌

图 2－1－4　U 形管式反应器

（4）U 形管式反应器

U 形管式反应器的管内设有多孔挡板或搅拌装置，以强化传热与传质过程。U 形管的直径较大，物料在管内的停留时间会相应增长，因此其可应用于反应速率较慢的化学反应过程。例如，带多孔挡板的 U 形管式反应器，被应用于己内酰胺的聚合反应。带搅拌装置的 U 形管式反应器适用于非均液相物料或液固相悬浮物料，如甲苯的连续硝化、蒽醌的连续磺化等反应。图 2－1－4 是一种内部设有搅拌和电阻加热装置的 U 形管式反应器。

（5）多管串联管式反应器

多管串联管式反应器是指反应器的多根管道采用串联的方式进行连接，如图 2－1－5 所示，一般用于气相反应和气液相反应，如烃类裂解反应和乙烯液相氧化制乙醛反应。

（6）多管并联管式反应器

多管并联管式反应器是指反应器的多根管道采用并联的方式进行连接，如图 2－1－6 所示，一般用于气固相反应，例如，气相氯化氢和乙炔在装有固相催化剂的多管并联管式反应器中反应制氯乙烯，气相氮和氢混合物在装有固相铁催化剂的多管并联管式反应器中合成氨。

（7）环管反应器

环管反应器是一种封闭的环状管式反应器，由闭合环形管路、循环泵以及反应器的进出

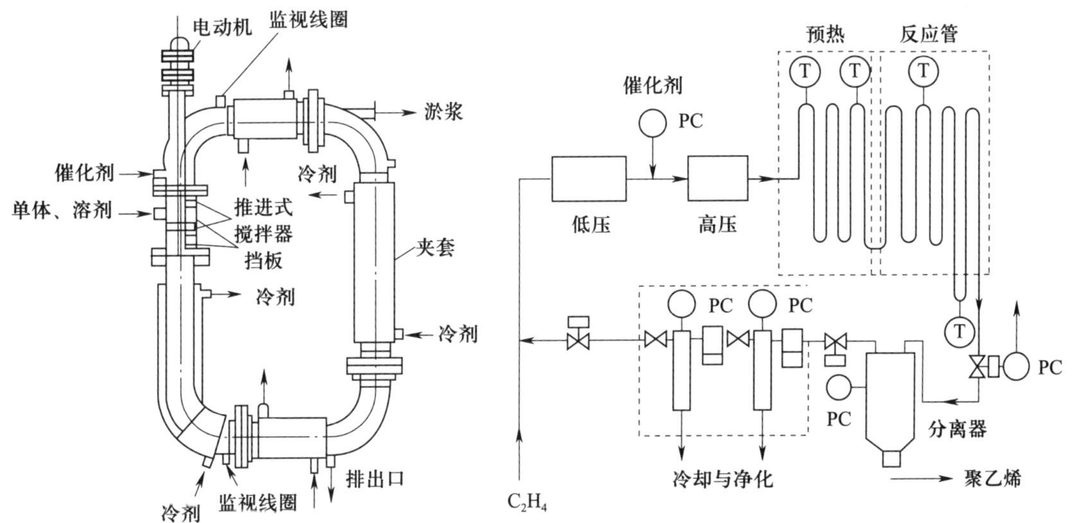

图 2-1-5　多管串联管式反应器

口组成。根据环管反应器的结构形式，又分为单环管反应器与双环管反应器。单环管反应器中不存在第二反应器，物料在环管中循环后，直接进入下一道工序；而双环管反应器是由左右镜像对称的第一反应器和第二反应器通过串联方式连接起来，物料首先在第一反应器中完成一个循环后，然后进入第二反应器进行另一个循环，最后进入下一道工序。目前采用环管反应器的装置多为双环管结构，如图 2-1-7 所示。

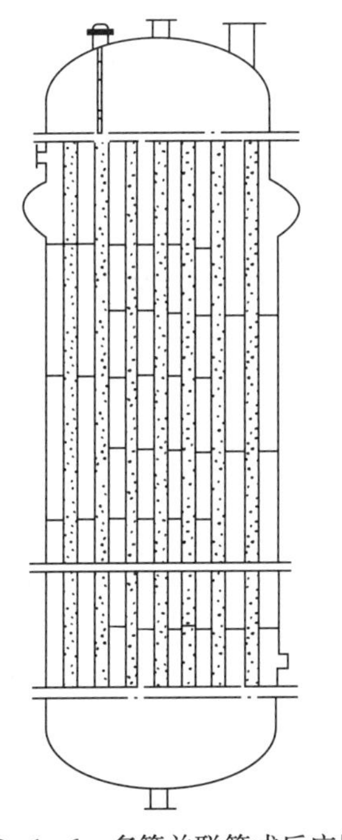

图 2-1-6　多管并联管式反应器

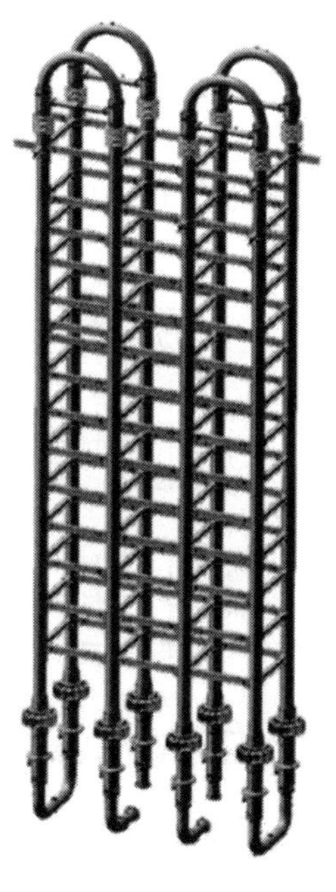

图 2-1-7　环管反应器

环管反应器多用于聚烯烃工业中，是生产聚乙烯（PE）、聚丙烯（PP）的主要设备之一，也是环管法聚丙烯工艺装置中的关键核心设备，其性能直接影响整个装置的正常运行与产品的品质。

2. 管式反应器的特点

管式反应器在实际应用中，多数采用连续操作，少数采用半连续操作，使用间歇操作的则极为罕见。管式反应器有以下几个特点。

（1）反应物分子在管式反应器内的停留时间相等，因此沿管轴方向每一微积单元，其物料的组成、浓度、温度、反应速度不随时间而改变，只随管长变化，属于稳态操作。这和连续釜式反应器相同，而无数的微积单元又可视为无数个连续釜式反应器的串联，所以管式反应器兼具间歇操作和连续釜式反应器的特点。

（2）容积小，比表面大，单位容积具有较大的换热面积，因此管式反应器特别适用于高温高压、热效应较大的反应。

（3）反应物在管式反应器中反应速率快、流速快，因此管式反应器的生产能力和生产效率高。

（4）适用于大型化和连续化生产，便于计算机集散控制，产品质量有保证。

（5）与釜式反应器相比较，管式反应器返混较小，在流速较低的情况下，其管内流体流型接近于理想流体。

（6）管式反应器既适用于液相反应，又适用于气相反应，用于加压反应尤为合适。

（7）环管反应器具有结构简单、节约成本、易于工程放大、能耗低等优点，因此特别适用于均聚反应。

此外，管式反应器可实现分段温度控制。其主要缺点是，反应速率很低时所需管道过长，工业上不易实现。

管式反应器与釜式反应器的对比情况见表 2－1－1。

表 2－1－1　管式反应器与釜式反应器对比情况

型式	适用反应	应用特点	应用举例
管式反应器	气相 液相	返混小，所需反应器体积较小，传热面积大，但对慢速反应需要管很长，压降大	石脑油裂解，甲基丁炔醇合成，管式法高压聚乙烯生产等
釜式反应器	液相 液液相 液固相	适用性强，操作弹性大，连续操作时温度、浓度容易控制，产品质量均一，但高转化率时反应器体积大	甲苯硝化，氯乙烯聚合，酯化反应等

二、管式反应器的发展趋势

目前，国内外的管式反应器都在朝着大型化、高效化、结构简单化、操作自动化、节能化的方向发展。

在节能化方面，对于大部分管式反应器，可通过在管内插入锯齿管、内肋管等内构件，强化管式反应器的换热性能，这不仅有利于管内反应的进行，也是一种行之有效的节能途径。

在大型化方面，我国 2019 年新开发了高效缠绕管式反应器，如图 2－1－8 所示。与常规的列管式固定床反应器相比，其移热介质在反应器管程内部，能够快速移除多余的反应热，移热能力提升超过 50%，可极大提高企业的生产效能，同时能够促进反应正向进行，增大反应转化率，有效避免催化剂失活，延长催化剂的使用寿命。高效缠绕管式反应器目前已应用于乙二醇、烯烃类产品合成等多项装置中，这种反应器形式的改变在现有操作工艺的基础上，使压降控制更为严格，同时提高了移热效率，有效解决了装置大型化过程中遇到的设备尺寸超限和制造难题。

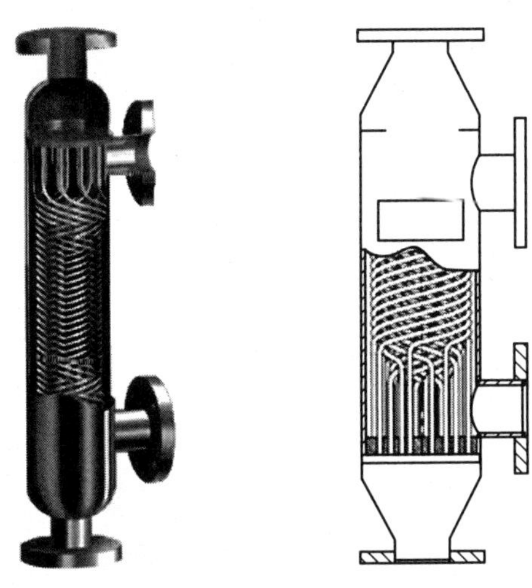

图 2－1－8　高效缠绕管式反应器

环管反应器除了在聚烯烃工业中得到广泛应用外，还在许多其他方面逐渐替代传统反应器。当环管反应器用作生物反应器时，研究发现其在生物量产生（即生物的发酵增长率）方面比传统的连续釜式反应器高出大约 40%。当环管反应器应用于啤酒厂的废水处理时，其内部更高的细菌生长速度和更大程度的湍流有利于丝状细菌的减少以及大量污水的有效处理。在生物化学过程中，环管反应器主要应用在细胞培养、发酵过程、酶和蛋白质的合成等方面。例如，在小麦蛋白的酶水解应用中，环管反应器中未出现搅拌釜中常见的大量泡沫所引起的混乱现象。环管反应器已在许多领域展现了重要应用，并表现出了显著的优越性，未来有望应用于更广泛的领域。

三、管式反应器的结构

1. 套管式反应器的主要结构

套管式反应器由长径比很大的套管（或称为细长管）和密封环通过连接件紧固并串联安放在机架上而组成。其结构包括直管、弯管、密封环、法兰、补偿器、连接管和机架等几部分，如图 2－1－9 所示。

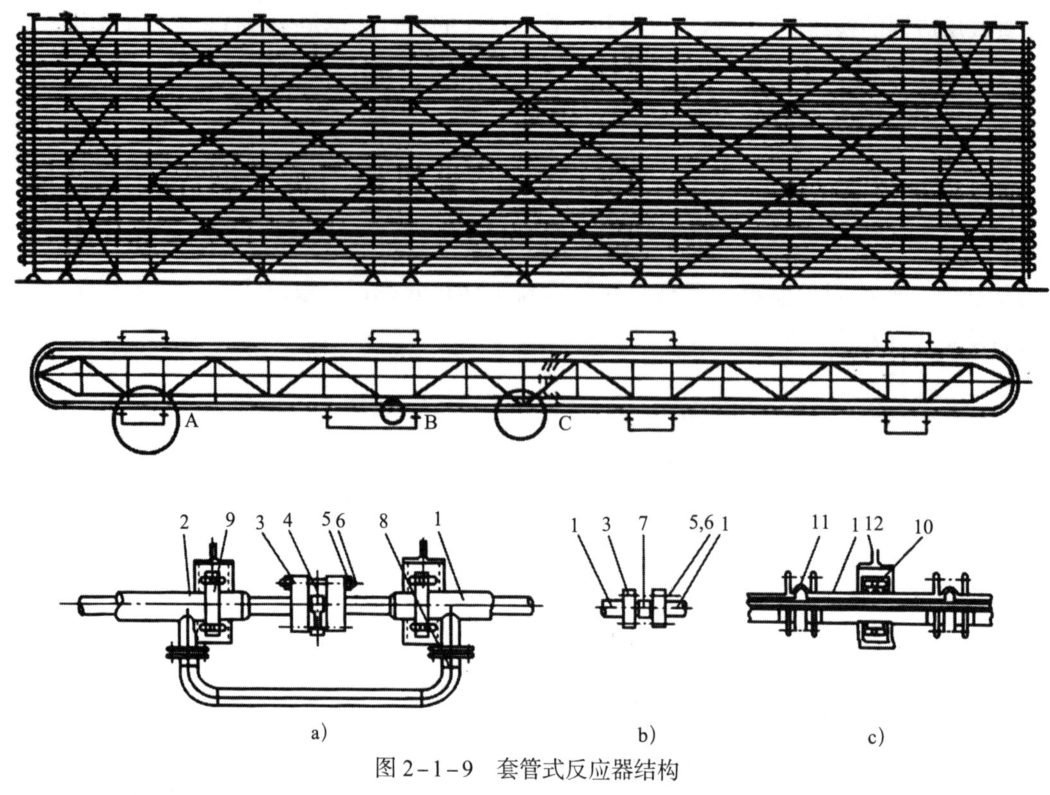

图 2-1-9 套管式反应器结构

a）A 详图 b）B 详图 c）C 详图

1—直管 2—弯管 3—法兰 4—带接管的 T 形透镜环 5—螺母 6—弹性螺柱 7—圆柱形透镜环 8—连接管 9—支座（抱箍） 10—支座 11—补偿器 12—机架

（1）直管

直管结构如图 2-1-10 所示，内管长 8 m。根据反应段的不同，管式反应器内管内径通常也不同（如 ϕ27 mm 和 ϕ34 mm）。夹套管用焊接形式与内管固定。夹套管上对称地安装一对不锈钢制成的 Ω 形补偿器，以消除开停车时内外管线因膨胀系数不同而附加在焊缝上的拉应力。

套管式反应器的预热段夹套管内通入蒸汽进行加热以促进反应，反应段及冷却段则通入热水以移除反应热或进行冷却。为此，在夹套的两端开了孔，并装有连接法兰，以便与相邻的夹套管进行连通。为了便于安装，在整个管路的中间部位装有支座。

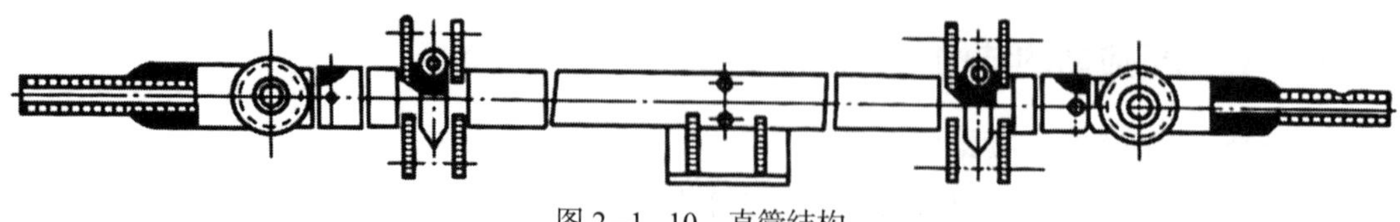

图 2-1-10 直管结构

（2）弯管

弯管结构与直管基本相同，如图 2-1-11 所示。弯头半径 $R \geqslant 5D$（D 为管径）。弯管在机架上的安装方法允许其有足够的伸缩量，故不再另加补偿器。内管长（包括弯头弧长）也是 8 m。

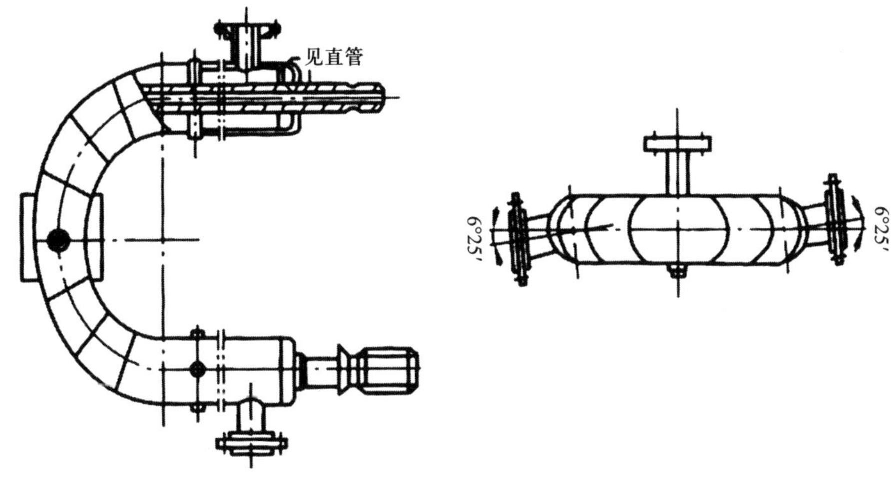

图 2－1－11　弯管结构

（3）密封环

套管式反应器的密封环为透镜环。透镜环有两种形状，一种是圆柱形，另一种是带接管的 T 形。圆柱形透镜环采用与反应器内管相同的材质制成。带接管的 T 形透镜环用于安装测温、测压元件，如图 2－1－12 所示。

（4）管件

反应器的连接必须按规定的紧固力矩进行，所以对法兰、螺柱和螺母都有一定要求。

（5）机架

套管式反应器机架由桥梁钢焊接成整体，地脚螺栓安放在基础桩的柱头上，安装管子支座部位装有托架，管子用抱箍与托架固定。

2. 环管反应器的主要结构

环管反应器如图 2－1－13 所示，由左右镜像对称的 2 个四腿环管反应器组成（即第一反应器、第二反应器），在由预聚合反应器不断往环管反应器内提供催化剂的作用下，丙烯聚合反应在第一反应器中完成 65%，在第二反应器中完成 35%。它是一个封闭的、独特的环状管式组合结构，由闭合环形管路和反应器的进出口组成。

环管反应器有 8 根（L1、L2、…、L7、L8）直筒体，长 55 m、直径 800 mm，外层套有夹套。顶部有 4 个（A1、A2、A3、A4）180° 弯头，中间有 4 个（C1、C2、C3、C4）连通管组件，底部有 2 个（B1、B2）180° 弯管组件，2 个（D1、D2）90° 弯管组件，2 个（E1、E2）短管组件。依次通过法兰、轴流泵连接，形成一个整体循环。

在 8 根直管上还分布着 14 层连接梁，这些连接梁采用工字钢制作，将直管两两相连形成多个层级的平台，其主要作用是固定整个装置并为系统其他辅助设备提供安装平台。设备总

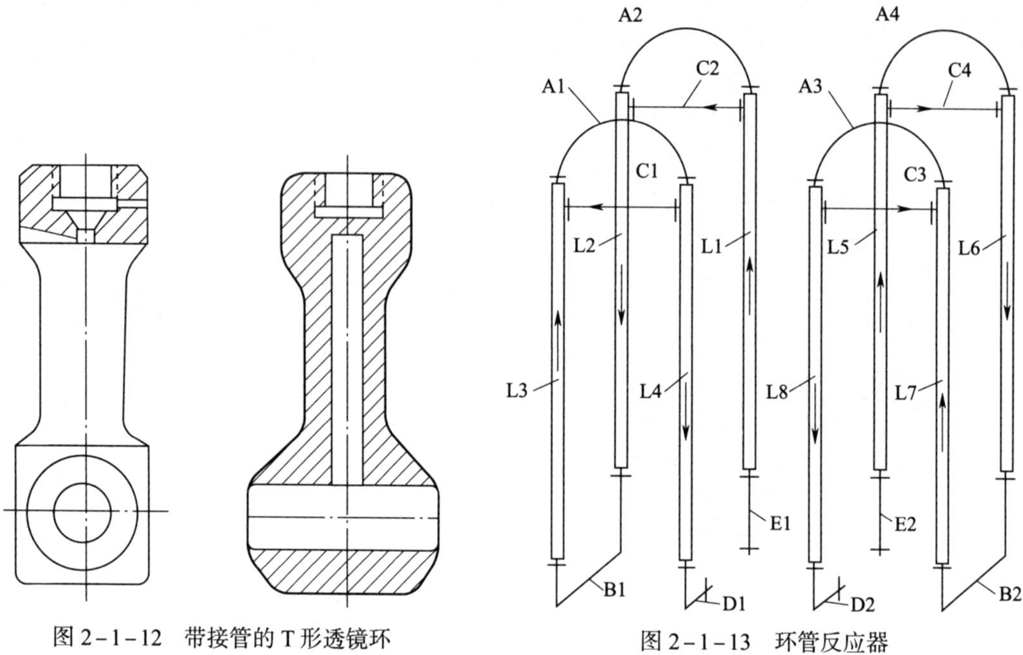

图 2-1-12　带接管的 T 形透镜环

图 2-1-13　环管反应器

高度约 62 m，总质量约 840 t。该设备属于Ⅲ类压力容器，其设计参数主要有：容器内筒压力为 5.34 MPa，夹套压力为 0.85 MPa；内筒温度为 -45～150 ℃，夹套温度为 180 ℃。

环管反应器本身既是反应器，同时又是反应框架与梯子平台的支持钢柱，其超长的直管段（包括换热夹套与内筒体）还要保持一定的同心度。在反应器的下端连接段处，设有轴流泵，用以促进反应物料在反应器内的循环流动，并起到搅拌作用。反应器的内筒体内壁经过半精抛处理，粗糙度 *Ra* 达到 2.5，以防止反应物料粘壁并避免爆聚现象的发生。此外，由于丙烯聚合反应为强放热反应，在反应过程中会产生大量的热，为了使丙烯聚合反应能在恒温下进行，需要有效移除反应热。因此，在实际生产中，通常会在内筒体外设置换热夹套，并在换热夹套与内筒体之间通入循环水来进行冷却。为了缓解换热夹套因温度变化而产生的热应力，通常在换热夹套上设置膨胀节，起到对换热夹套热膨胀的补偿作用。

思考与练习

一、单选题

1. 下面哪一个不是套管式反应器的基本结构？（　　）

A. 直管　　B. 弯管　　C. 密封环　　D. 补偿器

2. 管式反应器在实际使用中，多数采用（　　）操作。

A. 间歇　　B. 连续　　C. 半连续　　D. 以上都是

3. 环管反应器设备属于（　　）压力容器。

A. Ⅰ类　　B. Ⅱ类　　C. Ⅲ类　　D. 以上都是

4. 下列工业生产常用管式反应器的是（　　）。

A. 管式法高压聚乙烯的生产反应设备

B. 甲苯硝化的反应设备

C. 酯化反应的反应设备

D. 氯乙烯聚合的反应设备

5. 以下不属于管式反应器优点的是（　　）。

A. 压降小　　B. 反应速率快

C. 返混小　　D. 可以连续操作

二、判断题

1. 管式反应器中，物料的组成、浓度、温度、反应速度不随时间而改变，只随管长而变化。（　　）

2. 聚丙烯环管反应器中，第一反应器中完成丙烯聚合反应的35%。（　　）

3. 与釜式反应器相比较，管式反应器的返混较小。（　　）

4. 管式反应器管内流体流型接近于理想流体。（　　）

5. 环管反应器换热夹套上设置膨胀节，起到对换热夹套热膨胀的补偿作用。（　　）

三、简答题

1. 环管反应器的基本结构包括哪些？

2. 管式反应器与釜式反应器的适用场合是否有区别？区别有哪些？

四、根据所学内容，完成下表

搅拌类型	结构特点	适用场合
水平管式反应器		
立管式反应器		
盘管式反应器		
U形管式反应器		
多管串联式反应器		
多管并联式反应器		
环管反应器		

任务二　管式反应器的操作

学习目标

1. 能了解并描述管式反应器的实训装置流程（包括主要动设备、静设备、阀门、仪表）
2. 能进行管式反应器的开车操作
3. 能进行管式反应器的停车操作
4. 能维持管式反应器的正常生产

任务引入

你是某化工企业的操作员，进行了相关的三级安全培训后，被分配到聚丙烯合成岗位，某天你接到班组长下发的任务，需要用管式反应器合成一批聚丙烯。在生产聚丙烯之前，你需要先学习聚丙烯生产工艺流程、管式反应器的操作（冷态开车、正常停车、正常工况维持），为聚丙烯生产奠定基础。

相关知识

一、工艺流程简述

在聚丙烯领域，环管法（含液相 - 气相组合式，也称液相本体法）是主流的聚丙烯生产工艺之一，该方法的代表为利安德巴赛尔工业公司开发的 Spheripol 工艺，也是目前国内外在生产聚丙烯产品上应用最成功且最广泛的工艺方法。在引进国外技术的基础上，我国 1995 年成功开发了 7 万 t/a 第一代环管法聚丙烯成套技术，2002 年成功开发了 20 万 t/a 第二代环管聚丙烯成套技术（其工艺流程简图如图 2-2-1 所示），2012 年 20 万 t/a 第三代环管聚丙烯工艺也开发成功。我国科研人员在近 20 年的时间里，完成了三代环管法聚丙烯成套技术的研发和产业化，实现了环管聚丙烯成套技术的“三级跳”，实现了从无到有、从有到强的转变，在世界合成树脂工业的历史上，留下了一条完美的前行路线。

环管法生产聚丙烯用的丙烯，是由催化装置的液化气经过气体分馏后制得的，液态丙烯在一定条件下，与氢气在催化剂的作用下聚合生成聚丙烯。反应体系中不加任何其他溶剂，将催化剂直接分散在液相丙烯中进行丙烯液相本体聚合反应。聚合物从液相丙烯中不断析出，以细颗粒状悬浮在液相丙烯中。随着反应时间的增长，聚合物颗粒在液相丙烯中的浓度增加。当丙烯转化率达到一定程度时，经闪蒸回收未聚合的丙烯单体，即得到粉料聚丙烯产品。

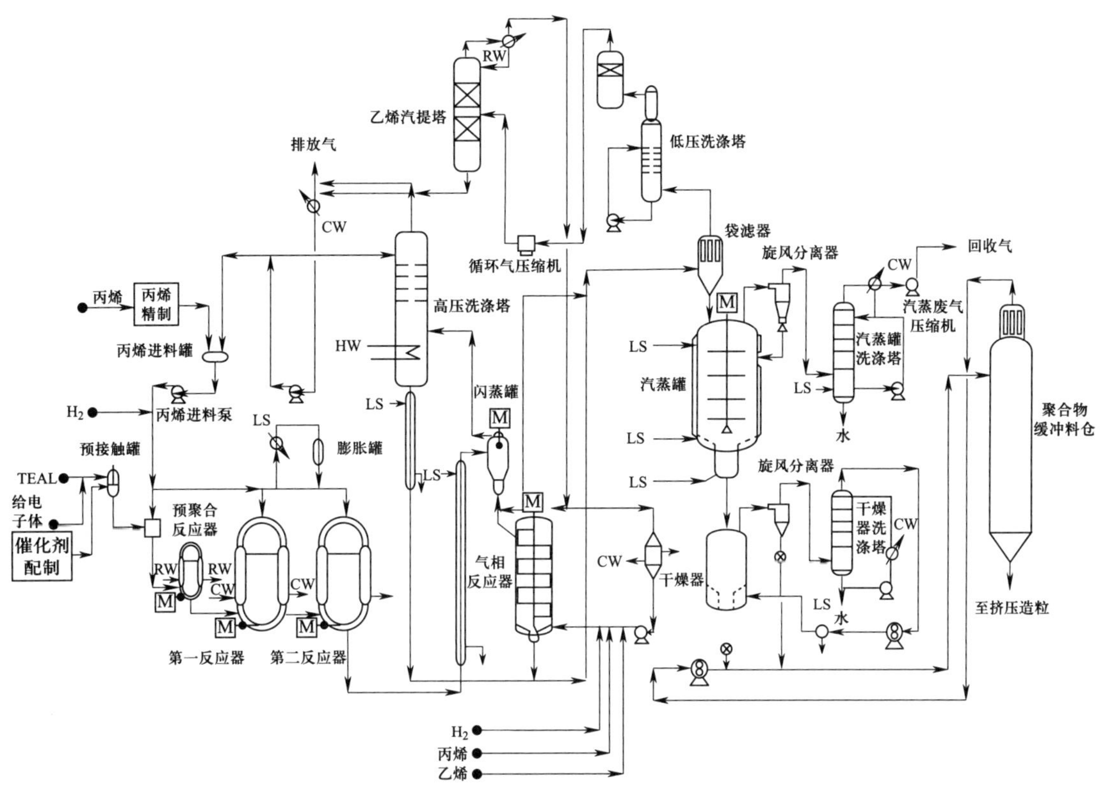

图 2-2-1　第二代环管聚丙烯工艺流程简图

1. 管式反应器的主要设备

管式反应器的主要设备位号和名称见表 2-2-1，分为静设备和动设备，静设备主要由反应器、缓冲罐、换热器组成，动设备主要是循环泵。

表 2-2-1　　管式反应器主要设备位号和名称

序号	位号	名称	说明
1	D201	反应器烯烃原料罐	
2	D202	反应器缓冲罐	
3	D203	夹套水缓冲罐	
4	D301	闪蒸罐	
5	A301	动力分离罐	
6	R200	预聚合反应器	
7	R201	第一环管反应器	
8	R202	第二环管反应器	
9	E201	烯烃再沸器	
10	E202	烯烃进料泵冷却器	

续表

序号	位号	名称	说明
11	E203	烯烃蒸发器	
12	E204	R201 夹套水加热器	
13	E205	R202 夹套水加热器	
14	E208	R201 夹套水冷却器	
15	E209	R202 夹套水冷却器	
16	P200A/B	烯烃进料泵	
17	P201	R201 循环泵	
18	P202	R202 循环泵	
19	P203	D201 夹套水循环泵	
20	P204	R200 夹套水循环泵	
21	P205	R201 夹套水循环泵	
22	P206	R202 夹套水循环泵	
23	P207	备用夹套水循环泵	

2. 管式反应器的工艺流程

环管法生产聚丙烯的工艺过程包括原料精制（丙烯精制、预精制、电解制氢与氢气压缩），催化剂配制，预聚合、液相本体聚合，聚合物脱气与单体回收，聚合物汽蒸、干燥，挤压造粒等工段。聚丙烯合成岗位主要涉及“预聚合、液相本体聚合”和“聚合物脱气与单体回收”两个工段。

环管法聚丙烯工艺聚合工段工艺流程图如图 2-2-2 所示，来自界区的烯烃在液位控制下进入 D201，经烯烃回收系统回收的烯烃也送入 D201，混合后的烯烃经烯烃进料泵 P200A/B 送进反应系统。为了保证 D201 系统压力稳定，通过改变经过烯烃再沸器 E201 的烯烃量来控制 D201 的压力。

来自 P200A/B 的烯烃进入反应系统，反应系统主要由两个串联的环管反应器（即第一反应器和第二反应器）R201 和 R202 组成。来自界区的催化剂在流量控制下，进入反应器 R201。来自界区的氢气在流量控制下，分两路分别进入 R201 和 R202。烯烃在催化剂作用下发生聚合反应，聚合反应条件如下：反应温度 70 ℃，反应压力 3.4～4.4 MPa。

两个环管反应器内浆液的温度是通过其反应器夹套中闭路循环的脱盐水系统来控制的。反应器冷却系统包括 E208 和 E209，P205 和 P206，整个系统与氮封下的夹套水缓冲罐 D203 相连。若夹套水需要冷却，则使水进入 E208 和 E209，通过 E208 和 E209 的冷却，降低夹套水的温度，以进一步降低环管反应温度，从而除去反应中所产生的热量。在装置开停车期间，为了维持环管温度恒定在 70 ℃，夹套水须通过加热器 E204 和 E205 用蒸汽加热。夹套的第一次注水和补充水用脱盐水或蒸汽冷凝水。D203 上的两个液位开关控制夹套水的补充。

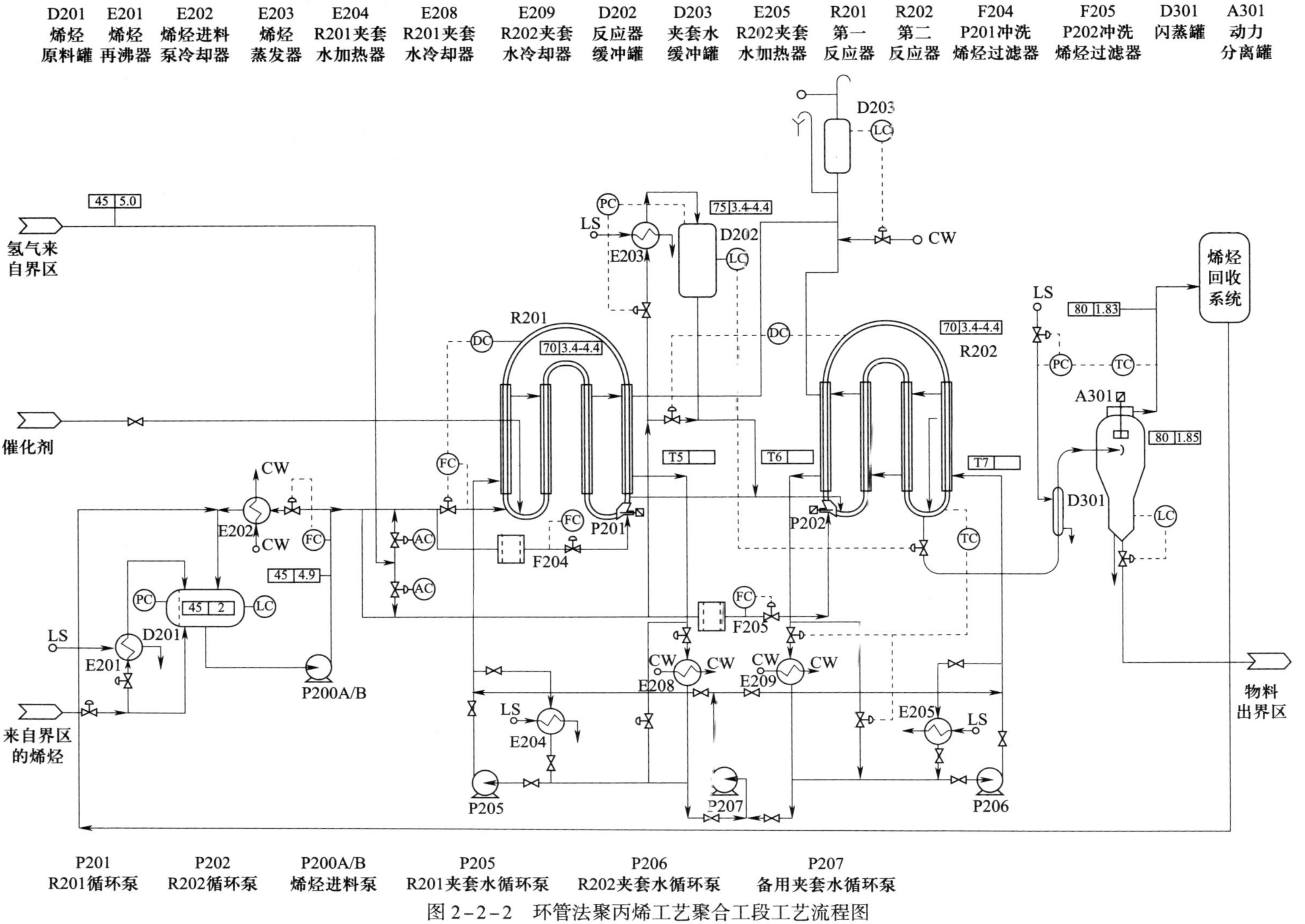

图 2-2-2　环管法聚丙烯工艺聚合工段工艺流程图

反应压力是在一定的进出物料的情况下，通过反应器缓冲罐 D202 来控制的，因为该罐是与聚合反应器相连通的容器；而 D202 的压力是通过 E203 加热蒸发烯烃得到的，烯烃蒸发量越大，压力就越高。通过聚合反应，外管反应器中的浆液浓度维持在 50% 左右（浆液密度 560 kg/m^3），未反应的液态烯烃用作输送流体。两个反应器配有 R201 循环泵 P201 和 R202 循环泵 P202，通过循环泵将环管中的物料连续循环。循环泵对保持反应器内均匀的温度和密度是很重要的。

烯烃经 P200A/B 送入 R201，其流量是通过外管反应器内的浆液密度来串级控制的，即环管中的浆液浓度是通过调节到反应器的烯烃进料量来控制的。环管反应器中的聚合物浆液连续不断地送到聚合物闪蒸及烯烃回收系统，以把物料中未反应的烯烃单体蒸发分离出来。从环管反应器来的浆液的排料是在 D202 的液位控制下进行的。

催化剂的供给对反应速率以及生成的聚烯烃量有非常重要的影响，在生产中一定要按要求控制平稳，催化剂的中断会使反应停止。将氢气加入环管反应器以控制聚合物的熔融指数，根据操作条件如密度、烯烃流量、聚烯烃产率、反应时间等改变氢气的补充量，若氢气中断，须终止环管反应。

环管反应器设置了一个使反应器内催化剂失活的系统，当反应必须立即停止时，把含有 2% 一氧化碳的氮气加进环管反应器中以使催化剂失去活性。

R202 排出的聚合物浆液进入闪蒸罐 D301，烯烃单体与聚合物在此分离，单体经烯烃回收系统回收后返回到 D201。

闪蒸操作是从环管反应器排料阀出口处开始进行的，聚合物浆液自 R202 经闪蒸管线流到 D301，其压力由 3.5 MPa（表压）降到 1.8 MPa（表压），使烯烃在化。为了确保烯烃完全气化和过热，在 R202 和 D301 之间设置了闪蒸线，在闪蒸线外部设置蒸汽夹套，通过 D301 气相温度控制器串级设定通入夹套的蒸汽压力。如果 D301 出现故障，R202 排出的物料可通过 D301 前的二通阀切送至排放系统而不进 D301。

聚合物和气化的烯烃进入 D301，聚合物落到 D301 底部，并在料位控制下送至下一工序，气相烯烃则从 D301 顶部回收。在 D301 顶部有一个特殊设计的动力分离器，它能将气相烯烃中携带的聚合物粉末进一步分离回到 D301。

二、管式反应器的操作

1. 管式反应器的开车操作

图 2-2-3 及图 2-2-4 分别为环管法聚丙烯工艺中，R201 和 R202 的分散控制系统图。开工前须进行全面检查，确认设备处于良好的备用状态，排放系统及火炬系统正常，机械、电子电气设备及仪表正常。

（1）反应器开车前准备

①反应器 D201 的操作。打开 E201 蒸汽进口阀；打开烯烃进料泵冷却器 E202 冷却水进口阀；用液态烯烃对 D201 装料，手动打开 D201 烯烃流量指示控制器 FIC201，开 50%～100% 接收烯烃，调节 D201 压力指示控制器 PIC201 使烯烃经 E201 缓慢注入 D201 顶部，

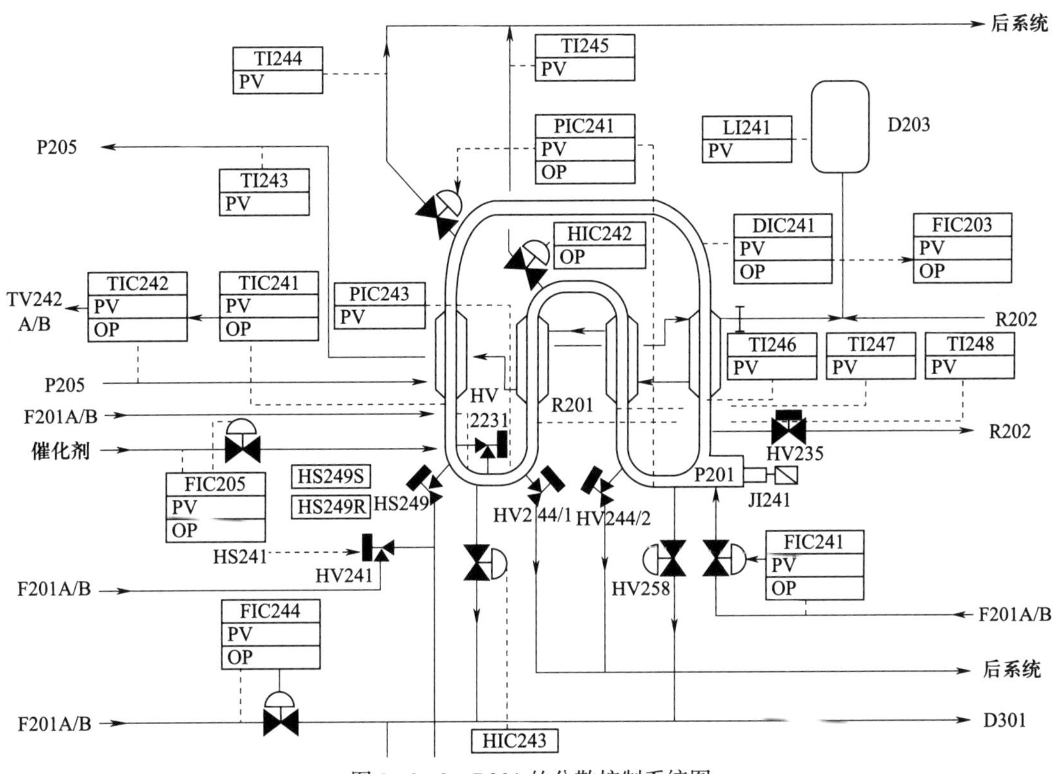

图 2-2-3　R201 的分散控制系统图

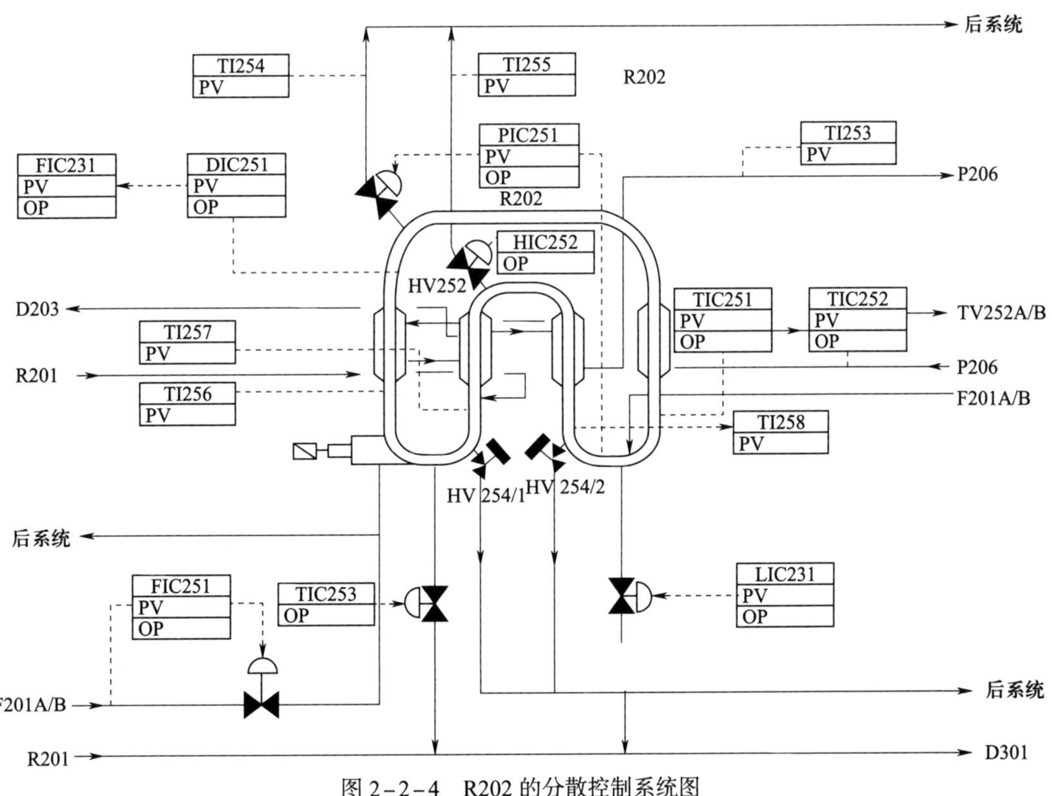

图 2-2-4　R202 的分散控制系统图

直至 D201 压力达到 1.5 MPa。同时控制 PIC201 为 1.7～1.85 MPa，D201 液位指示控制器 LIC201 液位为 0%～70%。当 LIC201 液位达到 40%～50% 时，启动 P200A/B 循环烯烃回至 D201，通过调节 D202 烯烃流量指示控制器 FIC202 控制回流量。

②D301 罐的操作（操作前检查 D301 伴管是否通蒸汽）。首先打开蒸汽疏水阀旁路，待管子加热后关闭蒸汽疏水阀旁路，打通闪蒸线夹套蒸汽系统。打开 PIC301 阀，控制 PIC301 压力为 0.2 MPa，并加入液相烯烃。当 D301 压力为 5 MPa 时，启动动力分离罐 A301。手动控制 PIC301，使 D301 温度指示控制器 TIC301 温度为 70～80 ℃。控制 D301 出口气相压力指示控制器 PIC302 在 1.8～1.9 MPa；视情况投自动。将 FIC244 投料量调整到 4 200 kg/h，这样可以保证当环管反应器出料受阻时，有足够的冲洗烯烃进入闪蒸罐。当开始向环管反应器进催化剂时，要打开 D301 底部液位指示控制阀 LIC301 以便不断排空初期生成的聚合物粉料，排放到界区回收。D301 的料位在开车初期通常保持在零位，这种操作一直要持续到环管反应器的浆液密度达到 450 kg/m^3。反应接近正常后，控制 LIC301 到 50%，投自动，完成 D301 的料位建立。

③反应器夹套水系统投用。打开夹套水循环管线上的手动切断阀。打开夹套水冷却器 E208 和 E209 的冷却水。通过液位控制阀 LV241 将夹套循环水系统充满脱盐水，待 D203 液位指示器 LI241 有液位时，则夹套已充满水。夹套充满水后，启动 P205 和 P206。打开 E204 和 E205 的蒸汽加热夹套水阀，将夹套水的温度指示控制器 TIC242 和 TIC252 控制在 40～50 ℃，将 D202 和第二反应器 R202 连通。手动关闭 D202 液位指示控制阀 LIC231 及其下游切断阀。

（2）反应系统开车

开车前必须进行 R201 和 R202 串联，并与 D202 连通。

①建立烯烃循环。打开 E201 到 D202 管线上的切断阀。用气相烯烃给 D202 充压，同时打开 D202 至 R201 和 R202 的气相充压管线。当 D202 与 R201 和 R202 的压力升至 1.0 MPa 以上时，关闭 E201 和 D202 之间管线上的切断阀。当压力达到 1.5 MPa（表压）时，检查是否泄漏。给 R201 和 R202 中注入液态烯烃。建立烯烃循环，使烯烃经过冲洗管线至闪蒸管线、D301、烯烃回收系统回到 D201。

②反应器进料。把到反应器的烯烃管线上所有的流量控制器都置于手动关闭状态。打开到反应器去的烯烃管线上所有流量控制器的上、下游切断阀，并确认旁通阀是关闭的。确认夹套水冷却温度到 40 ℃；D202 压力指示控制器 PIC231 的压力为 2.5 MPa 左右。通过各反应器的控制阀向环管反应器进烯烃，最大流量为量程的 80%。同时调节 PIC231 使 D202 的压力逐渐增加到 3.4 MPa。控制 LIC231 在 40%～60%。

当环管充满液相烯烃时，压力将上升，检查环管各腿顶部的液相烯烃充满情况。打开环管反应器顶部放空阀，开度为 10%～15%，观察相应的下游温度指示器，当温度急剧降至 0 ℃以下时，表明这条腿已充满了液相烯烃。控制到 R201 的烯烃流量指示控制器（FIC203）为 1 000 kg/h，到 R202 的烯烃流量（FIC231）为 5 500 kg/h。

③准备反应。首先检查并调整好环管反应器 P201 和 P202，然后将其启动。将 FIC232 控制在 200 kg/h，开始向闪蒸管线冲洗烯烃。以 4～6 ℃ /5 min 的升温速度缓慢提高 R201 和 R202 温度至 70 ℃（由于液相烯烃受热膨胀，致使烯烃从环管反应器中排出并回收到 D201 中，

所以在外管反应器充满液相烯烃而未升温之前，D201 的液位要保持在 30%）。同时调整各反应器的进料量至正常流量，使得烯烃系统建立大循环（D201—R201—R202—D301—烯烃回收系统—D201），并将反应器的压力、温度调整至正常，D202 的压力、液位调整至正常，为进催化剂做好准备。

④反应开始。打开催化剂进料阀，开始加入催化剂，为防止反应急剧加速，要逐步增加催化剂量，使外管反应器中的浆液密度逐步上升到 550 kg/m^3。为防止密度超过设定值从而堵塞管线，当浆液密度达到设定值且操作平稳时，将每个反应器进料烯烃量与该反应器密度控制投串级，即用 R201 浆液密度指示控制器 DIC241 串级控制 FIC203，DIC251 串级控制 FIC231。DIC241 与 FIC203 投串级后，控制正常生产要求，调节催化剂量至正常。在调整催化剂的同时，控制正常生产要求，调节进入两个反应器的氢气量至正常。

主催化剂进入环管反应器后，烯烃开始反应，并释放热量，反应速率越快，释放的热量就越多。随着反应的进行，要及时减少夹套水加热器的蒸汽量，以使环管反应器的温度保持在 70 ℃；随反应的加速，很快就需要完全关闭蒸汽，并且启用 E208 和 E209。

从 R201 到 R202 的排料有两种形式，即桥连接和带连接，分别采用两根不同的管线。正常生产采用桥连接，带连接是桥连接的备用。

2. 管式反应器正常工况的维持

（1）工艺参数控制。严格执行操作规程，确保各工艺参数保持稳定。

（2）实时监控与调整。密切监控各工艺参数的变化情况，发现异常波动时立即排查原因，并及时采取调整措施。

环管聚丙烯正常操作时的控制指标见表 2-2-2。

表 2-2-2　环管聚丙烯正常操作时的控制指标

位号	名称	正常值	位号	名称	正常值
AIC201	进 R201 烯烃中氢气 /（μL/L）	876	LIC231	D202 液位 /%	70
AIC202	进 R202 烯烃中氢气 /（μL/L）	780	PIC231	D202 压力 /MPa	3.8
FIC201C	去 R201 的氢气流量 /（kg/h）	1.17	DIC241	R201 浆液密度 /（kg/m^3）	560
FIC202C	去 R202 的氢气流量 /（kg/h）	0.584	PIC241	R201 压力（表压）/MPa	3.8
FIC203	去 R201 的烯烃流量 /（kg/h）	27 235	TIC241	R201 温度 /℃	70
FIC205	催化剂的流量 /（kg/h）	34.1	TIC242	R201 夹套水温度 /℃	55
LIC201	D201 液位 /%	80	DIC251	R202 浆液密度 /（kg/m^3）	560
PIC201	D201 压力 /MPa	2	PIC251	R202 压力 /MPa	3.5
TI201	D201 的温度 /℃	45	TIC251	R202 温度 /℃	70
FIC231	去 R202 的烯烃流量 /（kg/h）	17 000	TIC252	R202 夹套水温度 /℃	55

3. 管式反应器的停车操作

（1）环管反应器的停车

①降温降压，停止反应。停止主催化剂的加入，关闭催化剂 FIC205 阀门。解除 DIC241

与 FIC203 串级及 DIC251 与 FIC231 串级，逐渐将 FIC203 减至 18 000 kg/h，逐渐将 FIC231 减至 7 000 kg/h。当密度到 450 kg/m^3 时，停止氢气进料 FIC201C 和 FIC202C。注意：在 FIC203 和 FIC231 降量的过程中，适当提高 FIC244 流量不低于 8 000 kg/h。

当 E208 和 E209 完全旁通时，则启用 E204 和 E205 来加热夹套水，打开 E204 和 E205 蒸汽线上的手阀，维持环管温度在 70 ℃。

继续稀释环管内的浆液密度，直至密度达到此温度下的烯烃密度。将环管内的浆液经 HV301 向 D301 排放。当浆液密度降至 414 kg/m^3 时，如需要停止 P201 和 P202，关闭 FIC203、FIC231、FIC241、FIC251 及 FIC232。环管中的物料排至 D301，烯烃气经烯烃回收系统后送 D201。

②反应器排料。当环管反应器腿中的液位低于夹套时，用来自 E203 的烯烃蒸气从反应器顶部排气口对环管加压。排空环管底部烯烃的操作如下。

关反应器顶部排放管线上的手动切断阀，开充烯烃蒸气截止阀。打开每个环管顶部自动阀（PIC241、HV242、PIC251、HV252）以平衡 D202 气相和环管顶部压力。通过 PIC231 控制 D202 的压力为 3.4 MPa。将环管夹套水温度保持在 70 ℃，以免烯烃蒸气冷凝。可通过 HV301 排至排放系统。环管和 D202 的液体倒空后，手动关闭 PIC231，使带压烯烃排向 D301，使之尽可能回收，剩余气排火炬。当环管中的压力降到 1 MPa 时，切断 E204 和 E205 的蒸汽。设定 TIC242 和 TIC252 为 40 ℃，将夹套水冷却至 40 ℃，停止 P205 和 P206（或 P207）。

（2）D201 的停车

一旦供给工艺区的烯烃停止，D201 将进行自身循环，此时烯烃进料系统就可安全停车。

将 LIC201 置于手动，并处于关闭状态。手动关闭 FIC201，使 D201 的压力处于较低状态。如需倒空 D201 内的烯烃，可以缓慢打开 P200A/B 出口管线上的后系统的烯烃截止阀。

（3）D301 的停车

保持 PIC302 设定值不变，它控制着 D301 进料管线的液相冲洗烯烃量。当聚合物流量降低时，料位继续保持 D301 料位的自动控制，直到出料阀的开度≤10%，则 LIC301 置于手动操纵位，并且逐渐把聚合物的料位降为零。当环管中浆液密度达到 450 kg/m^3 时，将 HV301 转换至低压排放，把剩余的聚合物排至后系统。当聚合物的流量为零（即环管中浆液密度降至 400 kg/m^3），且 D301 无料积存时，手动关闭 LIC301。

4. 管式反应器的紧急停车

当反应系统发生紧急情况时，环管反应器必须立即停车。此时应立即启用反应阻聚剂 CO，将其直接注入环管中以使催化剂失活。CO 几乎能立即终止聚合反应。CO 的注入方式是直接向 R201 和 R202 各支管上部注入，体积分数为 2%。

操作步骤：关闭催化剂进料阀 FIC205，分别连通至 R201 和 R202 的 CO 钢瓶的手动截止阀。关闭通往火炬的排气阀 HV261 和 HV265。打开 CO 总管上的阀门 HV262 和 HV264。当终止反应后，关闭反应器底部 CO 注入阀 HV262 和 HV264，同时也关闭 CO 总管上的通往排放系统的排气阀 HV261 和 HV265。

注意：一旦 CO 被加入环管反应器并使催化剂失活，便停止环管反应器内的聚合反应，

下一步采取的措施需视具体情况而定。

（1）如果是原料中断，则需要将聚合物及单体排料切至后系统。

（2）除非反应器中的密度降低到414 kg/m³，否则不得中断反应器循环泵密封的烯烃冲洗。如果循环泵必须停掉的话，那么环管反应器的密度必须从550 kg/m³ 降低到小于414 kg/m³，当低于这一密度时，反应器循环泵可安全停车，到环管的所有烯烃也可完全停掉。

（3）如果环管反应器循环泵由于某一循环泵的机械或电力故障导致停车，那么反应器的浆液密度不可能在停泵之前稀释到414 kg/m³。在这种情况下，环管反应器内物料不能循环，则必须将阻聚剂直接加到环管反应器中去。

三、常见异常现象及处理

1. 常见的异常现象

常见的异常现象主要有分散控制系统部分参数有声光报警、界区冷冻水压力低报、界区中压蒸汽压力低报、P200 停报警等。

2. 常见异常现象的处理方法

常见的异常现象及处理方法见表 2-2-3。

表 2-2-3　　常见的异常现象及处理方法

序号	常见异常现象	原因分析判断	操作处理方法
1	P200 停报警	P200 机械故障	①关闭 R200 去 R201 现场截止阀； ②关闭催化剂混合器 Z203A 入口阀； ③FIC203 脱开串级； ④FIC231 脱开串级； ⑤关闭 R200 丙烯进料阀； ⑥关闭 Z203A 丙烯进料阀； ⑦手动关闭 FIC221； ⑧手动关闭 FIC204； ⑨TIC241 维持 70 ℃； ⑩TIC251 维持 70 ℃； ⑪密度小于 450 kg/m³ 后 HV311 不切排
2	界区冷冻水压力低报	界区冷冻水故障	①关闭 Z203A 入口阀； ②加大 FIC204 流量； ③TIC222 串级脱出； ④温度超过 30 ℃没有启动 I202 联锁
3	界区中压蒸汽压力低报	界区蒸汽故障	①PV231 打手动，切断 CAT 进料； ②关闭 FV232，关闭 FIC244； ③启动 I301 联锁； ④关闭 E305 冷却水阀门； ⑤加入 10%CO； ⑥关闭 Z203A 入口阀门，停 H2； ⑦调整 FIC203 至 27 t/h； ⑧调整 FIC231 至 10 t/h； ⑨循环水温度降到 40 ℃以下； ⑩关闭蒸汽阀

续表

序号	常见异常现象	原因分析判断	操作处理方法
4	分散控制系统部分参数有声光报警 照明停止 运行中的驱动设备停止	装置配电间故障 外部电网故障	①HV301 切排； ②启动联锁 I209； ③启动联锁 I210； ④启动联锁 I203； ⑤TIC242 开到 65%； ⑥TIC252 开到 65%； ⑦关闭 HV233/1 前手阀； ⑧关闭 Z203A/B 入口阀； ⑨关闭 R200 入口阀； ⑩关闭 Z203A/B 丙烯阀； ⑪手动关闭蒸汽阀 PV301； ⑫D301 排空； ⑬手动关闭 LV231

思考与练习

一、单选题

1. 调节好（　　）是环管法生产聚丙烯工艺最关键的操作。

A. 聚合压力　　B. 聚合料位
C. 聚合浆液浓度　　D. 聚合温度

2. 紧急停车时，需将（　　）注入环管反应器中，以使催化剂失活。

A. 氢气　　B. 一氧化碳　　C. 二氧化碳　　D. 氮气

3. 环管反应器的压力通过（　　）来控制。

A. 夹套水加热器　　B. 反应器缓冲罐
C. 夹套水缓冲罐　　D. 夹套水泵

4. 环管反应器内的物料通过（　　）维持连续循环。

A. 搅拌器　　B. 罗茨风机　　C. 循环泵　　D. 轴流风机

5. 闪蒸操作是从（　　）开始进行的。

A. 环管反应器排料阀出口　　B. 闪蒸罐
C. 闪蒸线夹套　　D. 丙烯回收塔

二、判断题

1. 第一反应器与第二反应器串联工作。（　　）

2. 氢气供应完全中断时，则要求整个装置紧急停车。（　　）

3. 烯烃蒸发量越大，反应器的压力就越低。(　　)

4. 催化剂进料太快会造成环管反应器温度过高。(　　)

5. 聚合反应器夹套水采用的是循环水。(　　)

三、多选题

1. 聚合反应条件是(　　)。

A. 反应温度为 70 ℃　　B. 反应压力为 3.4～4.4 MPa

C. 反应温度为 60 ℃　　D. 反应压力为常压

2. 为了维持环管温度恒定在 70 ℃，夹套的注水和补充水通入(　　)。

A. 脱盐水　　B. 循环水　　C. 蒸汽冷凝水　　D. 一次水

3. 界区冷冻水压力低报的处理方法有(　　)。

A. 关闭 Z203A 入口阀　　B. 加大 FIC204 流量

C. TIC222 串级脱出　　D. 温度超过 30 ℃没有启动 I202 联锁

4. 氢气的补充量根据(　　)进行调整。

A. 氢气密度　　B. 烯烃流量　　C. 聚烯烃产率　　D. 反应时间

5. 从 R201 到 R202 的排料方式有(　　)。

A. 桥连接　　B. 带连接　　C. 管连接　　D. 以上都对

四、简答题

1. 简述环管法聚丙烯生产工艺中聚合工段的工艺流程。

2. 环管法开车前的准备工作包括哪些内容?

任务三　管式反应器的故障处理及维护

学习目标

1. 掌握管式反应器的日常维护工作
2. 了解管式反应器的常见故障
3. 掌握管式反应器常见故障的处理方法

任务引入

你是某聚丙烯生产企业的操作员，能独立进行管式反应器的日常维护保养工作，能和同事合作进行管式反应器常见故障的排查及处理工作，在工作开始前，你需要先学习管式反应器的维护、保养和故障处理的相关知识。

相关知识

一、管式反应器的日常维护

管式反应器与釜式反应器相比较，由于没有搅拌器这类转动部件，故具有密封可靠、振动小、管理和维护保养简便的特点。但是，经常性的巡回检查仍是必不可少的。运行中出现故障时，必须及时处理，绝不能马虎了事。其日常维护要点如下。

1. 要经常检查管式反应器振动是否异常。管式反应器的振动通常有两个来源：一是超高压压缩机往复运动造成的压力脉动的传递，二是管式反应器末端压力调节阀频繁动作而引起的压力脉动。管式反应器振幅较大时，将可能导致管式反应器入口、出口配管接头箱紧固螺栓及本体抱箍松动。若有松动，应及时紧固。同时要注意碟形弹簧垫圈的压缩量，通常不应超过其最大压缩量的 50%，以保证管子热膨胀时伸缩自由。管式反应器振幅要控制在 0.1 mm 以下。

2. 要经常检查钢结构地脚螺栓是否有松动，焊缝部分是否有裂纹等。

3. 开停车时要检查管子伸缩是否受到约束，位移是否正常。除直管支架处碟形弹簧垫圈不应卡死外，弯管支座的固定螺栓也不应该压紧，以防止管式反应器伸缩时的正常位移受到阻碍。

4. 检查管式反应器的操作压力和温度是否正常。

5. 检查气体泄漏报警系统是否失灵。

6. 检查与处理超高压阀的泄漏。

7. 检查与处理蒸汽、水管道的泄漏。

二、聚丙烯装置环管反应器的维护检修

我国石化行业对聚丙烯装置环管反应器的检修周期、检修内容、检修与质量标准、维护与故障处理都有严格的规范操作，具体要求参照《聚丙烯装置环管反应器维护检修规程》（SHS 03018—2004）。

三、聚丙烯装置环管反应器常见故障及其处理方法

聚丙烯装置环管反应器常见故障及其处理方法见表 2-3-1。

表 2-3-1　聚丙烯装置环管反应器常见故障及其处理方法

故障原因	故障现象	处理方法
蒸汽停故障	PIC301 压力为 0 D301 温度降低	终止反应 按正常停车步骤停车
冷却水停	TIC242 温度升高 TIC252 温度升高	按紧急停车步骤处理
烯烃原料中断	FIC201 流量为 0	按正常停车步骤停车

续表

故障原因	故障现象	处理方法
桥连接阀门故障	R201 反应器压力增加 R202 反应器压力降低 反应温度降低	快速恢复带连接阀 调节反应器压力 调节反应器温度 各仪表恢复到正常数据
P205 泵故障	去 R201 的冷却水中断 R201 反应温度上升 DIC241 密度下降	快速启动 P207 调整反应器温度 各仪表恢复到正常数据
氢气进料故障	FIC202C 流量为 0 FIC201C 流量为 0	观察反应 按正常停车步骤停车
P201 机械故障停	R201 反应温度下降 R201 反应密度急速下降 R201 反应压力下降	按紧急停车步骤处理

思考与练习

一、单选题

1. 管式反应器的振幅控制在（　　）mm 以下。

A. 0　　B. 0.1　　C. 0.2　　D. 0.3

2. 管式反应器与釜式反应器比较，下列说法错误的是（　　）。

A. 密封可靠　　B. 振动小

C. 管理和维护保养简便　　D. 有转动部件

二、填空题

1. 聚丙烯装置环管反应器出现蒸汽停故障

故障现象：__________

处理方法：__________

2. 聚丙烯装置环管反应器出现冷却水停故障

故障现象：__________

处理方法：__________

3. 聚丙烯装置环管反应器出现烯烃原料中断故障

故障现象：__________

处理方法：__________

4. 聚丙烯装置环管反应器出现桥连接阀门故障

故障现象：________________

处理方法：________________

5. 聚丙烯装置环管反应器出现 P205 泵故障

故障现象：________________

处理方法：________________

6. 聚丙烯装置环管反应器出现氢气进料故障

故障现象：________________

处理方法：________________

7. 聚丙烯装置环管反应器出现 P201 停机械故障

故障现象：________________

处理方法：________________

三、简答题

1. 管式反应器发生振动的原因是什么？
2. 管式反应器的日常维护要点有哪些？

课题三

塔式反应器的操作

任务一　认识塔式反应器

学习目标

1. 了解塔式反应器的发展趋势
2. 掌握塔式反应器的类型及特点
3. 掌握塔式反应器的基本结构
4. 能够根据任务对塔式反应器进行初步选型

任务引入

你是某化工企业的操作员，某天你接到班组长下发的任务，需要用塔式反应装置处理化工生产中产生的尾气，其核心设备为塔式反应器。在尾气处理工作开始前，你需要先学习塔式反应器的基本类型、特点及结构，了解其发展现状，为尾气处理做好理论知识准备。

相关知识

一、塔式反应器概述及分类

1. 塔式反应器概述

塔式反应器，也称塔设备，广泛应用于化学工业、石油化工、食品、医药及环保等工业中，是一种重要的化工单元操作设备。因其多为立式设备，且长径比较大，呈竖直的圆筒形，故称为“塔”。

在工业生产中，塔式反应器主要用于气液相之间的非均相反应，通过气体和液体之间的传质和传热作用，实现物料的分离或净化。常见的单元操作，如精馏、吸收、萃取、洗涤、干燥等，均可在塔式反应器中完成。

1813 年 Cellier 提出的泡罩塔，主要应用于酿造工业，是出现较早并被广泛应用的塔式反应器。1830 年出现了筛板塔，直到 19 世纪末 20 世纪初，工业规模的填料塔才开始应用于蒸馏操作。随着石油化工的兴起，塔式反应器也随之不断发展，各种类型的塔式反应器应运而生，不仅结构更为合理，各种场合的适应性及综合性也大幅提高，单台的规模也在不断增大。目前，我国较为常用的塔式反应器是填料塔和板式塔。

2. 塔式反应器的分类

（1）按操作压力分类

根据操作压力的不同，塔式反应器分为常压塔、加压塔和减压塔。

（2）按内部结构分类

根据内部结构的不同，塔式反应器分为板式塔和填料塔。

（3）按用途分类

①精馏塔：蒸馏主要是利用各组分挥发度的不同而进行液体混合物分离的单元操作，反复多次蒸馏的过程称为精馏，实现精馏操作的塔式反应器称为精馏塔。

②吸收塔和解吸塔：利用混合气体中各组分在溶液中溶解度的不同，通过液体吸收来分离气体混合物的操作称为吸收。反之，将完成吸收后的液体以加热等方法释放出溶于其中的气体的过程称为解吸。实现吸收和解吸操作的塔式反应器分别称为吸收塔和解吸塔。

③萃取塔：液体混合物中各组分间沸点相差很小时，普通的分馏方法难以分离，此时可在液体混合物中先加入某种沸点较高的溶剂（即萃取剂），再利用混合液中各组分在萃取剂中溶解度的不同，将其分离，该方法称为萃取，实现萃取操作的塔式反应器称为萃取塔。

④洗涤塔：用水除去气体中的无用成分或固体尘粒的过程称为水洗，实现该操作的塔式反应器称为洗涤塔。

⑤干燥塔：用热风吹湿的固体物料，起到干燥的作用，该过程包括传质和传热，实现该操作的塔式反应器称为干燥塔。

⑥反应塔：混合物在一定的温度、压力等条件下发生化学反应，生成新物质，实现该操作的塔式反应器称为反应塔。

⑦冷却塔：以水作为循环冷却剂，冷却高温气体的操作称为冷却，实现该操作的塔式反应器称为冷却塔。因其工作实质是换热，有时也将其归为换热器。

常见塔式反应器类型如图 3－1－1 所示。

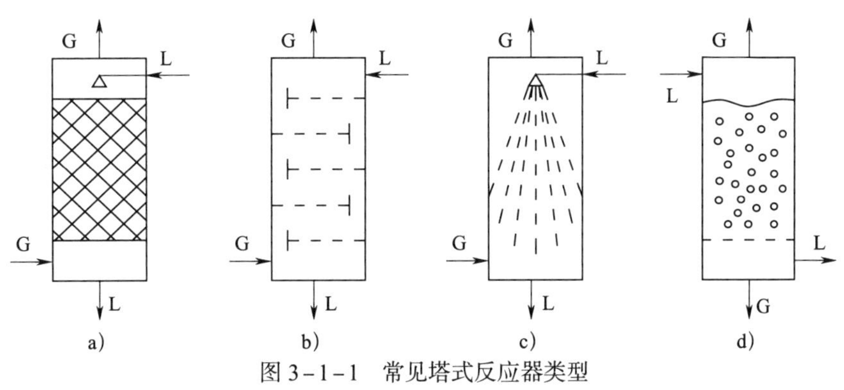

图 3-1-1　常见塔式反应器类型

a）填料塔　b）板式塔　c）喷淋塔　d）鼓泡塔

二、塔式反应器的基本结构

尽管用途各异，操作条件也各不相同，塔式反应器的构件基本大同小异，主要包括塔体、支座、内部构件及附件等，其结构如图 3-1-2 所示。内部构件将在后面各类塔式反应器中详细描述。

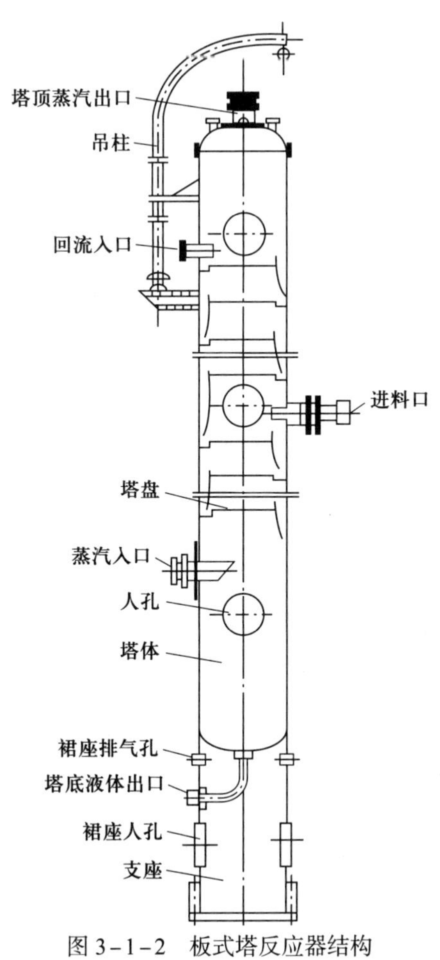

图 3-1-2　板式塔反应器结构

1. 塔体

塔体是塔式反应器的外壳，由圆筒、两端封头及连接法兰组成。圆筒一般等直径、等壁厚，封头分为头盖和底盖，形状可以是半球形、椭圆形、碟形等。

2. 支座

支座是将塔体安装在基础上的连接部分，应当具有足够的强度和刚度，能承受各种操作情况下的全塔质量。常见的支座为裙式支座，又分为圆筒形和圆锥形两种，其中以圆筒形居多，与塔体焊接在一起。

3. 附件

在塔体和封头上，根据工艺生产和安装检修的需要，还设有各种附件，包括除沫器、接管、人孔和手孔、吊耳、吊柱等。

（1）除沫器：用于捕集上升气流中夹带的液滴。高效的除沫器对于提高分离效率、改善塔式反应器的操作状况，以及减少对环境的污染等，都是非常必要的。

（2）接管：接管的主要作用是连接工艺管路、管件、仪表和进出物料。按用途不同，可分为进液管、出液管、进气管、出气管、回流管和仪表接管等。

（3）人孔和手孔：为了便于安装、检修检查和装填填料，塔式反应器中一般设置人孔和手孔，形状有圆形和椭圆形，平常盖有盖板，用法兰连接。

（4）吊耳：塔式反应器的运输和安装，特别是在设备大型化后，为起吊方便，可在筒节上焊接吊耳。

（5）吊柱：吊柱一般设置在塔顶，主要是为了在安装和检修时，方便塔内件的运送。

三、塔式反应器的基本要求

塔式反应器的主要作用是传质，这就要求气液两相必须充分接触，以获得较高的传质效率，除此之外，还要满足以下基本要求。

1. 气液两相充分接触，分离效率高。

2. 生产能力大，即单位时间内塔截面上的物料处理量大。

3. 操作稳定，操作弹性大，对各种性质的物料适应性强，能长时间保持较高的分离效率。

4. 流体阻力小，压降小，能节约生产的动力消耗，降低成本。

5. 结构简单，易于制造和安装，设备投资和操作费用低。

6. 设备耐腐蚀且不易堵塞。

7. 检修和清洗方便。

一台塔式反应器一般不易同时满足上述要求，在实际生产中可根据具体情况，结合生产需要及经济合理性，正确处理以上各项要求。

四、常见塔式反应器的特点及适用范围

塔式反应器种类较多，适用范围各有不同，常见塔式反应器的特点及适用范围见表3-1-1。

表 3-1-1　常见塔式反应器的特点及适用范围

塔类型	特点	适用范围
填料塔	主要进行快速和瞬间反应	处理量相对较小，适用于低压和介质具有腐蚀性的操作，如吸收操作
板式塔	主要进行中速和快速反应，但气相压降较大，传质表面较小	适用于处理量大的场合，多为加压操作，如精馏操作
鼓泡塔	储液量大，液相返混严重，多采用间歇操作	适用于速度慢和热效应大的反应，尤其是处理高黏性的液体
喷淋塔	相接触面积大，气相压降小，主要进行瞬间、界面和快速反应，但气液两相返混严重	适用于有污泥、沉淀和生成固体产物的场合

不同设备适用范围不同，在实际生产中，可根据具体情况确定相应的生产设备。

思考与练习

一、填空题

1. 在工业生产中，塔式反应器主要用于__________之间的非均相反应，通过气体和液体之间的_______和_______作用，实现物料的_____________。

2. 根据内部结构不同，塔式反应器分为__________和__________。

3. 塔式反应器的构件基本大同小异，主要包括_________、_________、_________及_________等。

4. 利用混合气体中各组分在溶液中溶解度的不同，通过液体吸收来分离气体混合物的操作称为吸收，实现该操作的塔式反应器称为__________，按其内部结构不同，该塔属于__________。

5. 按用途分类，塔式反应器可分为_________、_________、_________、_________、干燥塔、反应塔、冷却塔等。

6. 塔式反应器的主要作用是__________，这就要求必须使气液两相能充分接触，以获得较高的__________。除此之外，还要满足：气液两相充分接触，分离效率_______；生产能力_______；操作稳定，操作弹性大，对各种性质物料性质的适应性强，能长时间保持较_______的分离效率；流体阻力_______。

二、单选题

1. 适用于处理量大的场合，多为加压操作，可选用的塔式反应器为（　　）。

A. 填料塔　　B. 板式塔　　C. 鼓泡塔　　D. 喷淋塔

2. 检维修塔式反应器时，用到的附件是（　　）。

A. 接管　　B. 人孔和手孔　　C. 支架　　D. 除沫器

3. 塔式反应器的人孔与手孔平常盖有盖板，其连接方式主要采用（　　）。

A. 焊接　　B. 螺纹连接　　C. 法兰连接　　D. 承插连接

4. 板式塔反应器的附件不包括（　　）。

A. 除沫器　　B. 接管　　C. 支座　　D. 吊柱

任务二　填料塔反应器及操作

学习目标

1. 熟悉填料塔反应器基本结构及特点
2. 知道填料塔反应器各部件的基本功能
3. 能进行填料塔反应器的仿真操作
4. 了解填料塔反应器正常操作过程中的常见故障及处理方法

任务引入

你是某化工企业的操作员，进行了相关的三级安全培训，被分配到气体处理岗位，某天你接到班组长下发的任务，需要用填料塔反应器除去混合气体中的二氧化硫。在开始操作之前，你需要先学习填料塔的基本概念、结构等，为气体分离做好理论知识准备。然后学习填料塔反应器工艺流程、填料塔反应器的操作（冷态开车、正常停车），为混合气体处理奠定基础。

相关知识

一、基本概念

1. 传质过程

物质从一相转移到另一相的过程，称为传质过程。

2. 溶液

物质以分子或离子的状态均匀地分散到另一种物质里，形成的均一、稳定的体系称为溶液。其中，被溶解的物质称为溶质，能溶解溶质的物质称为溶剂。

3. 溶解度

在一定的温度和压力下，溶质与溶剂达到相平衡时，一定质量的溶剂所能溶解的溶质的

量，称为溶解度。

4. 吸收

吸收是利用混合气体中各组分在液体中溶解程度的差异，分离气体混合物的重要单元操作。混合气体与某种液体相接触时，混合气体中一种或几种组分溶于液体而形成溶液，其他未溶解的组分仍保留在气相中，从而达到从混合气体中分离出某些组分的目的。根据吸收过程中有无化学反应，可将吸收分为物理吸收和化学吸收。实现吸收操作的设备通常为吸收塔，吸收塔类型很多，常用的有填料塔、板式塔、喷射塔等，其中填料塔应用最为广泛。

二、填料塔反应器的基本结构

填料塔反应器（以下简称填料塔）是以塔内的填料作为气液两相间接触的传质设备，它具有结构简单、压降小、可用各种材料制造等优点，尤其在处理容易产生泡沫的物料时以及进行真空操作时，具有独特的优越性。

填料塔的塔身为立式圆筒，一般由塔体（圆筒、端盖、连接法兰）、内件（填料、支承装置）、支座（裙座）、附件（人孔、进出料接管、各类仪表接管、液体和气体的分配装置及塔外扶梯、平台和保温层）等部件组成，其结构如图 3-2-1 所示。

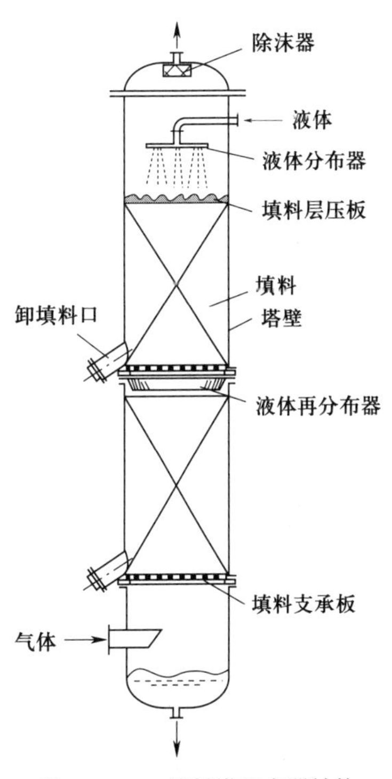

图 3-2-1　填料塔反应器结构

填料塔为连续接触式气液传质设备，两相组成沿塔高连续变化。在正常操作状态下，气相为连续相，液相为分散相。塔的底部一般装有填料支承板，填料以乱堆或整砌的方式放置其上。填料上方多安装填料压板，以防填料被上升气流吹动。溶剂从塔顶经液体分布器喷淋到填料上，并沿填料表面流下，气体从塔底送入，经气体分布装置（小直径塔一般不设气体分布装置）分布后，与液体逆流连续通过填料层的空隙。在填料表面上，气液两相密切接触进行传质。

当液体沿填料层向下流动时，会有逐渐向塔壁集中的趋势，使得塔壁附近的液流量逐渐增大，但中间液体少或无液体通过，该现象称为壁流。出现壁流会使传质效率下降，因此，当填料层较高时，需要进行分段，在中间设置液体再分布器，液体经重新分布后喷淋到下层填料上。

填料塔生产能力大，分离效率高，压降小，持液量小，操作弹性大，但是造价高。且当液体负荷较小时，填料表面不能被有效润湿，传质效率降低。同时，填料塔不能直接用于有悬浮物或容易聚合的物料，对侧线进料和出料等复杂精馏也不太适合。

三、填料塔的操作

1. 工艺介绍

本单元以 C_6 油为吸收剂，分离气体混合物中的 C_4 组分（吸收质），其中 C_4 占 25.13%，混合气体中惰性成分包括 CO、CO_2、N_2、H_2 和少量 O_2。

从界区外来的富气从底部进入吸收塔 T101。界区外来的纯 C_6 油吸收剂储存于 C_6 油储罐 D101 中，由 C_6 油供给泵 P101A/B 送入 T101 的顶部，C_6 油的流量由 FRC103 控制。吸收剂 C_6 油在 T101 中自上而下与富气逆向接触，富气中 C_4 组分被溶解在 C_6 油中。不溶解的贫气自 T101 顶部排出，经过吸收塔顶冷凝器 E101，被盐水冷却至 2 ℃进入尾气分离罐 D102。吸收了 C_4 组分的富油从吸收塔底部排出，经贫富油换热器 E103 预热至 80 ℃进入解吸塔 T102。

不凝气在 D102 压力控制器 PIC103 控制下排入放空总管进入大气。回收的冷凝液（主要成分是 C_4、C_6）与吸收塔釜排出的富油一起进入 T102。

预热后的富油进入解吸塔 T102 进行解吸分离。塔顶气相出料（C_4 约占 95%），经解吸塔顶冷凝器 E104 降温至 40 ℃后全部冷凝，进入解吸塔顶回流罐 D103，其中一部分冷凝液由解吸塔顶回流、塔顶产品采出泵 P102A/B 回流至解吸塔顶部，回流量为 8.0 t/h，由回流流量指示控制器 FIC106 控制，其他部分作为 C_4 产品由 P102A/B 抽出。塔釜 C_6 油经 E103 和循环油冷却器 E102 降温至 5 ℃，返回至 D101 再利用。

吸收系统分散控制系统图如图 3－2－2 所示，解吸系统分散控制系统图如图 3－2－3 所示。

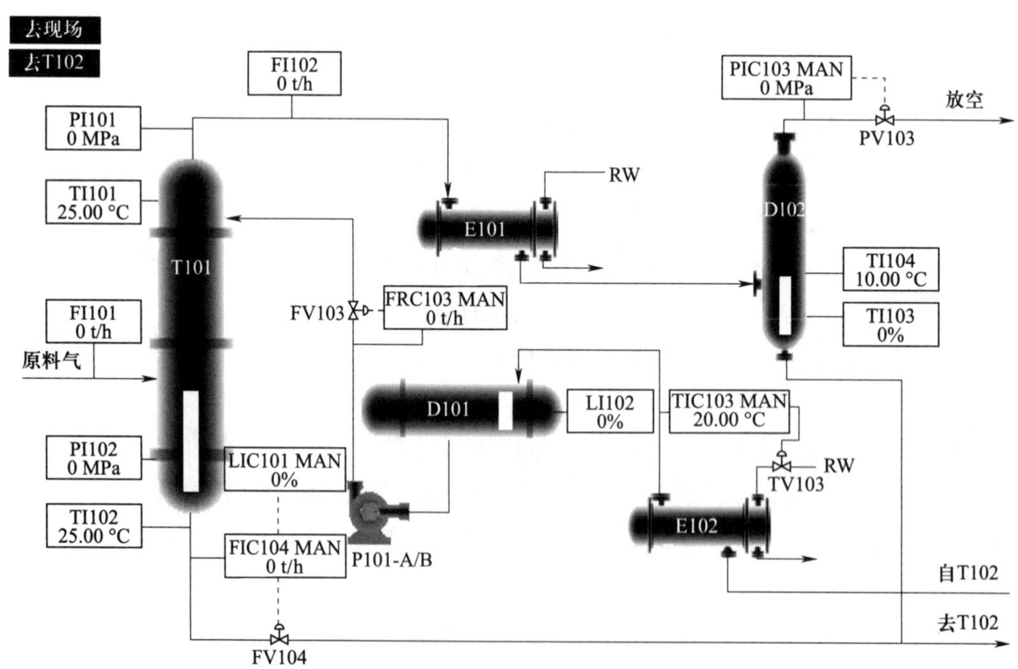

图 3－2－2　吸收系统分散控制系统图

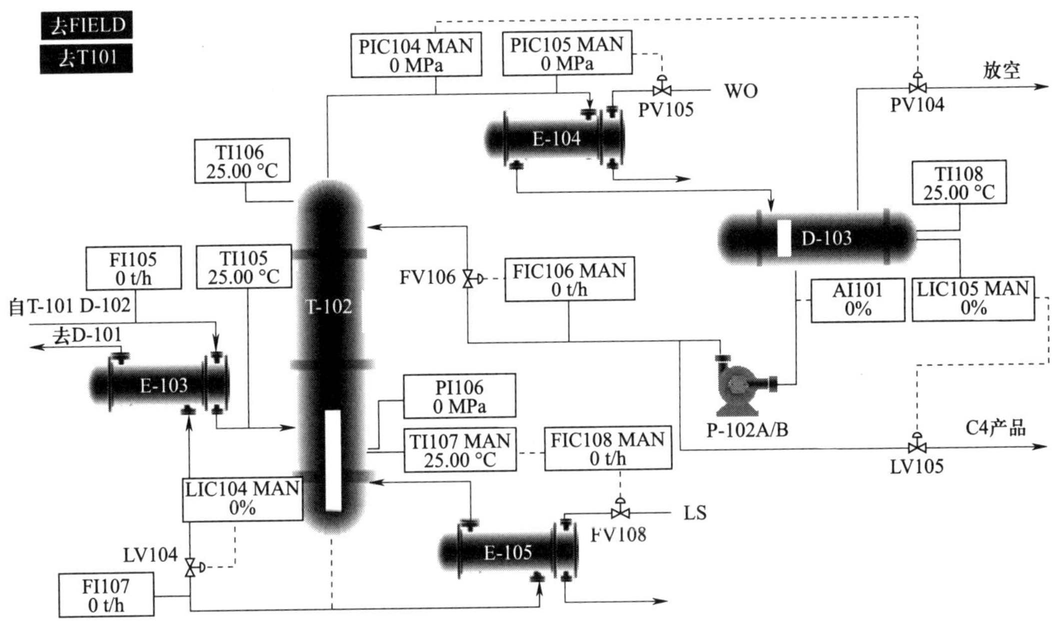

图 3-2-3　解吸系统分散控制系统图

2. 主要设备

填料塔的主要设备见表 3-2-1。

表 3-2-1　　填料塔的主要设备

编号	名称	编号	名称	编号	名称
T101	吸收塔	E102	循环油冷却器	E103	贫富油换热器
D101	C_6 油储罐	P101A/B	C_6 油供给泵	E104	解吸塔顶冷凝器
D102	尾气分离罐	T102	解吸塔	E105	解吸塔釜再沸器
E101	吸收塔顶冷凝器	D103	解吸塔顶回流罐	P102A/B	解吸塔顶回流、塔顶产品采出泵

3. 吸收解吸的单元操作

本操作规程仅供参考，详细操作以评分系统为准。

（1）开车操作

①氮气充压。

②进吸收油。

a. 打开引油阀 V9 至开度 50% 左右，给 D101 充 C_6 油至液位 50% 以上。

b. 打开 C_6 P101A/B 的入口阀，启动 P101A/B。

c. 打开 P101A/B 出口阀，手动打开吸收塔回流流量控制阀 FV103 至 30% 左右，给 T101 充液至 50%。充油过程中注意观察 D101 液位，必要时给 D101 补充新油。

③解吸塔系统进吸收油。

a. 手动打开吸收塔底去解吸塔流量调节阀 FV104 开度至 50% 左右，给 T102 进吸收油至液位 50%。

b. 给 T102 进油时注意给 T101 和 D101 补充新油，以保证 D101 和 T101 的液位均不低于 50%。

④C_6 油冷循环。

a. 确认储罐、吸收塔、解吸塔的液位在 50% 左右。

b. 建立冷循环。

⑤D103 中灌入 C_4。

⑥C_6 油热循环。

⑦进富气。

⑧补充新油：因为塔顶 C_4 产品中含有部分 C_6 油及其他 C_6 油损失，所以随着生产的进行，要定期观察 D101 的液位，使其保持在 60% 左右。若低于 60%，则打开 V9 补充新鲜的 C_6 油。

⑨D102 排液：生产过程中，贫气中的少量 C_4 和 C_6 组分积累于 D102 中，定期观察 D102 的液位，当液位高于 70% 时，打开阀 V7 将凝液排放至 T102 中。

⑩T102 塔压控制：正常情况下，T102 的压力由解吸塔顶压力指示控制器 PIC105 通过调节 E104 的冷却水流量来控制。生产过程中会有少量不凝气积累于 D103 中，使解吸塔系统压力升高，这时 T102 顶部压力超高保护控制器 PIC104 会自动控制排放不凝气，以维持压力不会超高。

（2）停车操作

①停富气进料。

②停吸收塔系统。

a. 停 C_6 油进料。

b. 吸收塔系统泄油。

③停解吸塔系统。

a. T102 降温。

b. 停 T102 回流。

c. T102 泄油。

d. T102 泄压。

④D101 排油。

a. 当停 T101 吸收油进料后，D101 液位必然上升，此时打开 D101 排油阀 V10 排污油。

b. 直至 T102 中油倒空，D101 液位下降至 0，关 V10。

4. 常见故障及处理方法（见表 3-2-2）

表 3-2-2　常见故障及处理方法

故障名称	主要现象	处理方法
冷却水中断	①冷却水流量为 0; ②入口管路各阀处于常开状态	①停止进料，关 V1 阀； ②手动关 PV103 保压； ③手动关 FV104，停 T102 进料； ④手动关 LV105，停出产品； ⑤手动关 FV103，停 T101 回流； ⑥手动关 FV106，停 T102 回流； ⑦关 LIC104 前后阀，保持液位

续表

故障名称	主要现象	处理方法
加热蒸汽中断	①加热蒸汽管路各阀开度正常； ②加热蒸汽入口流量为 0； ③塔釜温度急剧下降	①停止进料，关 V1 阀； ②停 T102 回流； ③停 D103 产品出料； ④停 T102 进料； ⑤关 PV103 保压； ⑥关 LIC104 前后阀，保持液位
仪表风中断	各调节阀全开或全关	①打开 FRC103 旁路阀 V3； ②打开 FIC104 旁路阀 V5； ③打开 PIC103 旁路阀 V6； ④打开 TIC103 旁路阀 V8； ⑤打开 LIC104 旁路阀 V12； ⑥打开 FIC106 旁路阀 V13； ⑦打开 PIC105 旁路阀 V14； ⑧打开 PIC104 旁路阀 V15； ⑨打开 LIC105 旁路阀 V16； ⑩打开 FIC108 旁路阀 V17
停电	①P101A/B 停； ②P102A/B 停	①打开泄液阀 V10，保持 LI102 液位在 50%； ②打开泄液阀 V19，保持 LI105 液位在 50%； ③关小加热油流量，防止塔温上升过高； ④停止进料，关 V1 阀
P101A 泵坏	①FRC103 流量降为 0； ②塔顶 C_4 上升，温度上升，塔顶压上升； ③反应釜内液位下降	①停 P101A，注：先关泵后阀，再关泵前阀； ②开启 P101B，先开泵前阀，再开泵后阀； ③由 FRC103 调至正常值，并投自动
LIC104 调节阀卡	①FI107 降至 0； ②塔式反应釜液位上升，并可能报警	①关 LIC104 前后阀 VI13、VI14； ②开 LIC104 旁路阀 V12 至 60% 左右； ③调整旁路阀 V12 开度，使液位保持 50%
E105 换热器结垢严重	①调节阀 FIC108 开度增大； ②加热蒸汽入口流量增大； ③塔式反应釜温度下降，塔顶温度也下降，塔式反应釜 C_4 组成上升	①关闭富气进料阀 V1； ②手动关闭产品出料阀 LIC102； ③手动关闭再沸器后，清洗换热器 E105

四、填料塔常见的异常现象

1. 液泛

在泛点气速下，持液量的增多使液相由分散相变为连续相，而气相则由连续相变为分散相。此时，气体呈气泡形式通过液层，气流出现脉动，液体被大量带出塔顶，使得塔的操作极不稳定，甚至会被破坏，此种情况称为液泛或淹塔。影响液泛的因素很多，如填料的特性、流体的物料性质及操作的液气比等。

填料特性的影响主要体现在填料因子上，填料因子越小越不易发生液泛。流体物理性质的影响则体现在流体的密度和黏度上，一般气体的密度越小，液体的密度越大、黏度越小，则泛点气速越大。操作的液气比越大，在一定气速下液体喷淋量就越大，填料层的持液量增加，空隙率减小，故泛点气速越小。

2. 液体喷淋密度和填料表面的润湿

填料塔中气液两相间的传质主要是在填料表面流动的液膜上进行的，要形成液膜，填料表面就必须被液体充分润湿，而填料表面的润湿程度则取决于塔内的液体喷淋密度及填料材质的表面润湿性能。

液体喷淋密度是指单位时间内，喷淋在单位塔截面积上的液体体积，以 U 表示，单位为 $m^3/(m^2 \cdot h)$。为保证填料层的充分润湿，必须保证液体喷淋密度大于某一极限值，该极限值称为最小喷淋密度，以 U_{min} 表示。

填料表面润湿性能与填料的材质有关，一般陶瓷填料的润湿性能最好，塑料填料的润湿性能最差，金属填料介于两者之间。

实际操作时，液体喷淋密度应大于最小喷淋密度。若喷淋密度过小，可采用增大回流比或使液体再循环来加大液体流量，以保证填料表面的充分润湿。有时也可采用减小塔径的方式予以补偿；对于金属、塑料材质的填料，可采用表面处理方法，改善其表面的润湿性能。

3. 返混

在填料塔内，气液两相的逆流并不呈理想的活塞流状态，而是存在着不同程度的返混。造成返混现象的原因有很多，如填料层内的气液分布不均、气体和液体在填料层内的沟流、液体喷淋密度过大时所造成的气体局部向下运动、塔内气液的湍流脉动使气液微团的停留时间不一致等。填料塔内流体的返混会使传质的平均推动力变小，降低传质效率。因此，按理想的活塞流设计的填料层高度，因返混的影响需适当加高，以保证预期的分离效果。

思考与练习

一、填空题

1. 吸收是利用混合气体中各组分在液体中____________的差异，分离________的单元操作。

2. 根据吸收过程中有无化学反应，可将吸收分为__________和__________。实现吸收操作的设备通常为________________。

3. 填料塔一般由________、________、________、________等部件组成。

4. 当液体沿填料层向下流动时，会有逐渐向塔壁集中的趋势，使得塔壁附近的液流量逐渐增大，但中间液体少或无液体通过，该现象称为________。出现该现象会使传质效率________，因此，当填料层较高时，需要进行分段，在中间设置________________，液体经重新分布后喷淋到下层填料上。

5. 填料塔常见的异常现象包括________、________，以及液体喷淋密度和填料表面的

润湿。

6. 填料塔中气液两相间的传质主要是在填料表面流动的__________上进行的，填料表面的润湿程度则取决于塔内的________________及填料材质的________________。

二、单选题

1. 下列各类型的吸收塔中，应用最广的是（　　）。

A. 填料塔　　B. 板式塔　　C. 喷射塔　　D. 鼓泡塔

2. 处理容易产生泡沫的物料时以及真空操作时，具有独特的优越性的塔式反应器是（　　）。

A. 板式塔　　B. 填料塔　　C. 鼓泡塔　　D. 喷射塔

3. 不能直接用于有悬浮物或容易聚合的物料的塔式反应器是（　　）。

A. 填料塔　　B. 板式塔　　C. 喷射塔　　D. 鼓泡塔

4. 能消除壁流的部件是（　　）。

A. 支承板　　B. 液体分布器　　C. 液体再分布器　　D. 除沫器

5. 以下因素对液泛无影响的是（　　）。

A. 填料的特性　　B. 流体的物料性质

C. 操作的液气比　　D. 填料表面的液膜厚度

6. 填料塔实际操作时，液体喷淋密度应（　　）最小喷淋密度。

A. 大于　　B. 小于　　C. 等于　　D. 根据操作条件确定

任务三　鼓泡塔反应器及操作

学习目标

1. 掌握鼓泡塔反应器的主要结构及特点
2. 掌握各种类型鼓泡塔反应器的特点及应用
3. 了解鼓泡塔反应器的传质和传热
4. 了解鼓泡塔反应器正常操作过程中的常见异常现象及处理方法

任务引入

你是某化工企业的操作员，进行了相关的三级安全培训，被分配到乙醛氧化工段。某天，你接到班组长下发的任务，需要用乙醛氧化制取一批乙酸，工作场地为乙醛氧化工段车间，工作对象是乙醛氧化装置，主要设备为鼓泡塔（根据用途划分也可称为氧化塔）。在开始操作之前，你需要先学习鼓泡塔的基本类型、特点及结构，以及鼓泡塔的工作原理，为乙醛氧化制乙酸做好理论知识准备。然后学习鼓泡塔反应器的操作知识（工艺流程、开车操作、停车操作、异常现象及处理），为乙醛氧化制乙酸的操作奠定基础。

相关知识

一、鼓泡塔反应器的概念

气体以鼓泡形式通过催化剂液层进行化学反应的塔式反应器称为鼓泡塔反应器，以下简称鼓泡塔。鼓泡塔是在塔体下部装上分布器，将气体分散在液体中进行传质、传热的一种塔式反应器，多为空塔，一般在塔内设有挡板，以减少液体返混。为了加强液体循环和传递反应热，可设外循环管和塔外换热器。气体从塔底向上经分布器以气泡形式通过液层，气相中的反应物溶入液相并进行反应，气泡的搅拌作用可使液相充分混合。鼓泡塔广泛应用于液相参与反应的中速、慢速和放热量大的反应，如各种有机物的氧化反应、生化反应等。

鼓泡塔的优点是气相高度分散于液相中，具有大的液体持有量和相界接触面，传质和传热效率高，适用于缓慢化学反应和高度放热的情况，能处理悬浮液体。同时结构简单，操作稳定，投资和维修费用低，被广泛应用于加氢、脱硫、烃类氧化、烃类卤化等工业过程。

鼓泡塔的缺点是气液返混严重，压降大。

二、鼓泡塔的分类及结构

1. 鼓泡塔的分类

鼓泡塔按结构不同，通常分为空心式鼓泡塔、多段式鼓泡塔、气提式鼓泡塔和液体喷射式鼓泡塔。

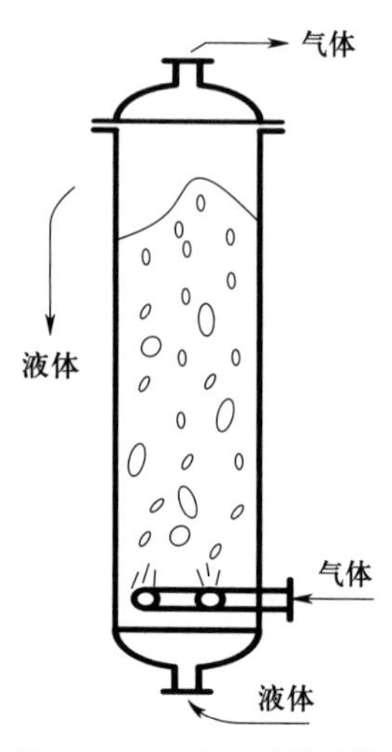

图 3-3-1 空心式鼓泡塔

（1）空心式鼓泡塔

空心式鼓泡塔的塔内不含塔板和液体分布器，如图 3-3-1 所示，最适用于缓慢化学反应系统或伴有大量热效应的反应系统。热效应较大时，可在塔内或塔外装备热交换单元。

（2）多段式鼓泡塔

多段式鼓泡塔的塔内至少有一块塔板，用以克服鼓泡塔中的液相返混现象，适用于高径比较大的情况。

（3）气提式鼓泡塔和液体喷射式鼓泡塔

当处理物料为高黏性物系，如生化工程的发酵、环境工程中活性污泥的处理、有机化工中催化加氢（含固体催化剂）等情况，常用气提式鼓泡塔或液体喷射式鼓泡塔，分别如图 3-3-2 和图 3-3-3 所示。这类鼓泡塔在塔中心设有循环管，利用气体提升和液体喷射形成有规则的循环流动，既可强化反应器传质效果，又有利于固体催化剂的悬浮。它具有径向气液流动速度均匀，轴向弥散系数较低，传热、传质系数较大，液体循环速度可调节等优点。

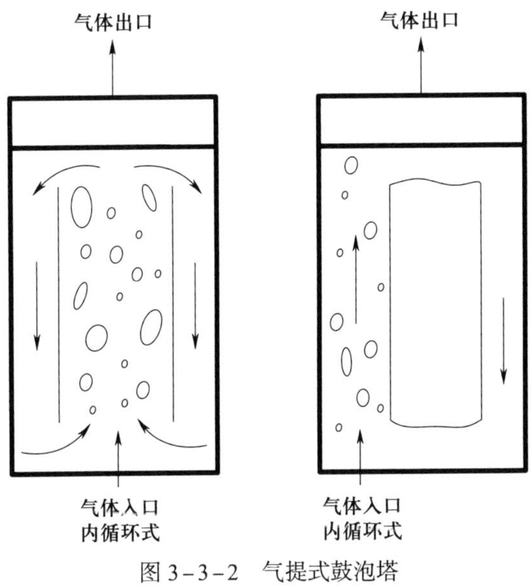

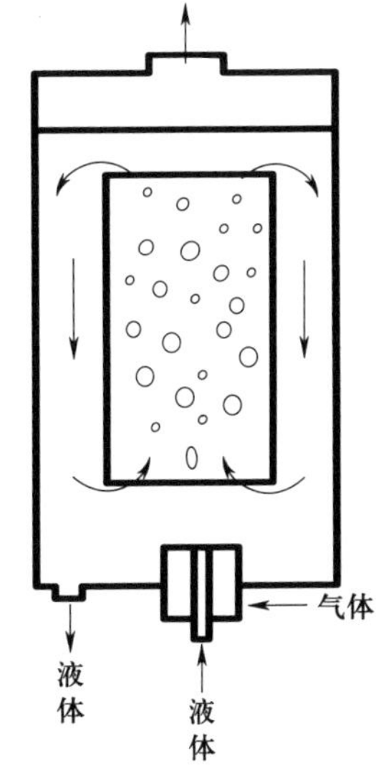

图 3-3-2　气提式鼓泡塔　　图 3-3-3　液体喷射式鼓泡塔

2. 鼓泡塔的结构

鼓泡塔通常由塔体、塔底气体分布器、塔顶气液分离器三部分组成，其结构如图 3-3-4 所示。

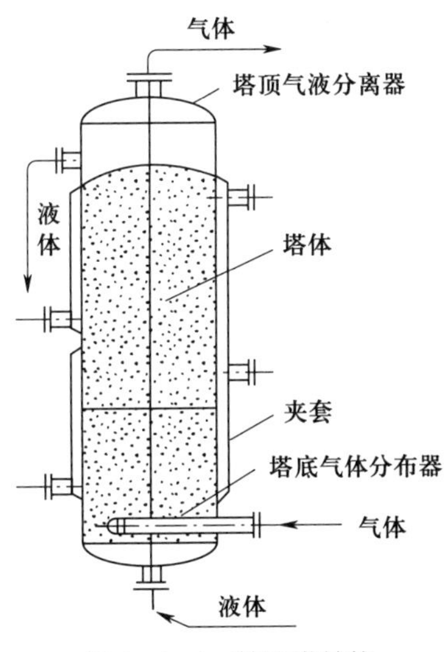

图 3-3-4　鼓泡塔结构

（1）塔体

塔体一般为圆柱形，是鼓泡塔的主体部分，里面主要是气液鼓泡层，也是进行化学反应和物质传递的主要位置。反应过程如需加热或冷却，可在筒体外部增加夹套，也可在气液层中加上蛇管，若热效应大，还可再增加外循环换热器。为防止返混，塔内可安置水平多孔隔板，以提高气体分散程度，减少液体纵向循环。

（2）塔底气体分布器

塔底气体分布器安装在塔体下部，是鼓泡塔的关键设备之一，包括多孔板、喷嘴和多孔管等。气体通过塔底气体分布器后能均匀分布在液层中，塔底气体分布器鼓气管端的直径大小要使气体出来的泡小，这样可增加液层中的含气率，使液层内搅动激烈，有利于强化传热和传质。

（3）塔顶气液分离器

塔顶气液分离器一般安装在塔顶的扩大部分，用以分离从塔顶出来气体中夹带的液滴，从而达到净化气体和回收反应液的作用。

三、鼓泡塔的工作原理

鼓泡塔内为液体，气体从塔底经塔底气体分布器以气泡的形式在液体内浮升，通过气泡壁面与液体接触，完成气液传质。液体既可间歇通入，也可与气体并流或逆流连续通入。反应过程产生的热量可通过夹套、内置蛇管、外循环换热器或液体的蒸发等与外界换热。鼓泡塔操作过程中的温度、压力、气泡大小、气泡上升速度、液层高度等因素都直接影响着气液的流动状态及最终反应结果。

1. 鼓泡塔中的流体流动

鼓泡塔内流体的流动情况较为复杂，气泡的鼓入方式多种多样，气速大小也在变化。液体有的连续流动，有的在一段时间内不流动；气液有的逆流，有的并流，这些都会影响鼓泡塔的收率和生产能力。

随着空塔气速的变化，液体会在塔内出现不同的流动状态，一般分为安静鼓泡区、湍动鼓泡区和栓塞气泡流动区。

空塔气速是指气体在整个空塔截面上的流动速度，用 U_{OG} 表示，可用下式计算：

$$U_{OG}=\frac{4q_{VG}}{3\,600\pi D^2}$$

式中 U_{OG}——气体的空塔速度，m/h；

q_{VG}——气体的体积流量，m^3/h；

D——反应器直径，m。

（1）安静鼓泡区

当空塔气速低于 0.05 m/s 时，鼓泡塔中的气体流量较小，气泡大小比较均匀，规则地浮升，液体搅拌并不显著，此时为安静鼓泡区。在该区操作时，既能达到一定的气体流量，又可避免气体的轴向返混，很适用于动力学控制的慢反应。

（2）湍动鼓泡区

当空塔气速大于 0.08 m/s 时，气泡运动呈不规则现象，液体高度地湍动，塔内物料强烈混合，此时为湍动鼓泡区。在湍动鼓泡区，气泡大小不均匀，大气泡上升速度快，小气泡上升速度慢，停留时间不等，加之无定向搅动，不仅液相返混严重，也会造成气相返混。

（3）栓塞气泡流动区

当鼓泡塔的塔径较小（一般不大于 0.15 m），空塔气速较高时，会出现气泡体积较大，凝滞不动，随着液体流动而流动的情况，此时为栓塞气泡流动区。这是由于大气泡直径被鼓泡塔的塔壁限制所造成的。处于该区域时，气液混合不充分，影响传质和传热的进行。

鼓泡塔流动状态分布区域如图 3－3－5 所示，三个流动区域的交界是模糊的，因为塔底气体分布器的形式、液体的物理性质和液体的流速都会影响流动区域的转移。一般孔径较大的塔底气体分布器在很低的气速下会形成湍动鼓泡区；高黏度的液体在较大的鼓泡塔中也会形成栓塞流，此时若提高气速，则会转为湍动鼓泡区。在生产中，简单的鼓泡塔往往选择在安静鼓泡区状态下操作，而气体升液式鼓泡塔往往在湍动鼓泡区操作。

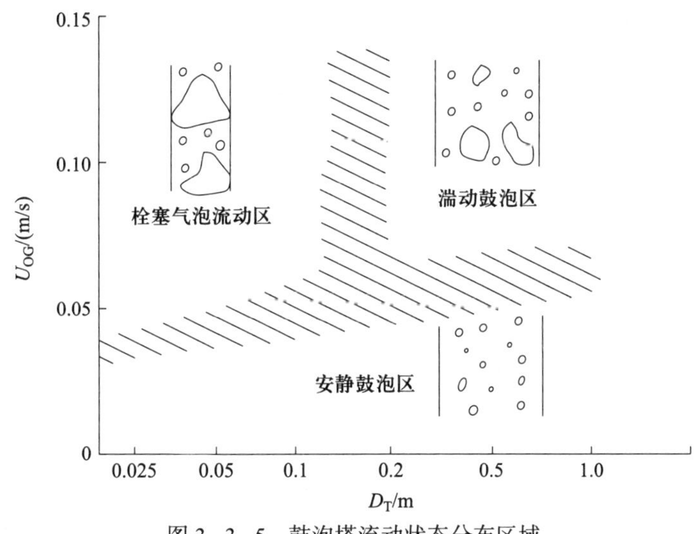

图 3－3－5　鼓泡塔流动状态分布区域

2. 鼓泡塔的流体力学特性

鼓泡塔内气泡的大小、气泡的上升速度、含气率、气液比相界面积、鼓泡塔的气体阻力等参数，反映着流体在塔内的流动状态，对于分析、操作和计算鼓泡塔具有重要意义。

（1）气泡大小

鼓泡塔内气泡的形成方式有两种，当空塔气速较低时，主要靠塔底气体分布器的小孔分散形成气泡；当空塔气速较高时，液体的湍动使喷出的气流破裂形成气泡。气泡的大小直接关系到气液传质面积的大小。在同样的空塔气速下，气泡越小，说明分散性越好，气液相的接触面积就越大。一般工业上鼓泡塔中的气泡直径小于 0.005 m。

（2）气泡上升速度

气泡在液相中借助浮力上升，随着上升速度的增加，阻力也随之增大。当阻力和重力之和与浮力相等时，气泡达到自由浮升速度。对于气液同时流动的体系，气泡与液体间的相对速度称为滑动速度。气液并流时，气泡的上升速度为滑动速度与液体实际流速之和；气液逆流时，气泡的上升速度应为滑动速度与液体实际流速之差。气泡的上升速度影响着含气率和气液两相的接触时间，进而影响整个反应的结果。

（3）含气率

单位体积鼓泡塔内气体所占的体积分数称为含气率。液体不流动时的含气率称为静态含气率，液体连续流动时的含气率称为动态含气率。含气率的大小意味着通气前后塔内充气床层膨胀高度的大小。对于传质过程与化学反应来讲，含气率非常重要，它与停留时间及气液相界面积有关。影响含气率的因素有很多，主要包括设备结构、物性参数和操作条件等。一般气体的性质对含气率影响不大，可以忽略不计。

（4）气液比相界面积

气液比相界面积是指单位气液混合物反应体积内所具有的气泡表面积，用 α 表示，单位 m^2/m^3。气液比相界面积的大小直接关系到传质速率的快慢，是非常重要的参数之一。

（5）鼓泡塔的气体阻力

鼓泡塔的气体阻力由两部分组成，一是来自塔底气体分布器小孔的阻力，二是塔内气液混合区域的静压力。

3. 鼓泡塔内的传质和传热

（1）鼓泡塔的传质

鼓泡塔内的传质过程中，要求气相反应物必须溶解到液相中，反应才能进行下去。描述气液两相之间传质过程的模型有很多，应用最广泛的是双膜理论。

双膜理论的要点是：当气液两相做相对运动时，气液两相界面的两侧分别存在着稳定的气膜和液膜；在两相界面上，气相向液相扩散时，在相界面上达到气液平衡，界面上无传质阻力；气膜和液膜之外的主体部分，流体激烈湍动混合均匀，主体内传质阻力很小，可忽略不计；传质的阻力主要集中在气膜和液膜内。

鼓泡塔内气液传质，也符合双膜理论的规律，一般气膜传质阻力较小，可以忽略，而液膜传质阻力的大小决定了传质速率的快慢。

当鼓泡塔在安静鼓泡区操作时，影响液相传质系数的因素主要是气泡大小、空塔气速、液体性质和扩散系数等；而在湍动鼓泡区操作时，液体的扩散系数、液体性质、气泡当量比表面积以及气体表面张力等，成为影响传质系数的主要因素。

（2）鼓泡塔的传热

鼓泡塔中的传热，通常以三种方式进行：①利用溶剂、液相反应物或产物的气化带走热量；②采用液体循环外冷却器移出反应热；③采用夹套、蛇管或列管式冷却器。

在鼓泡塔内，由于气泡的上升使液体边界层的厚度减小，同时，塔中部的液体随气泡群的上升被夹带向上流动，使得近塔壁的液体回流向下，形成循环流动，这些都能增大鼓泡塔的传热系数。此外，空塔气速也会影响传热系数。当空塔气速较小时，传热系数随着气速的增大而增大，但当气速超过临界值时，气速的增加将不再影响传热系数。一般情况下，鼓泡塔的总传热系数通常为 694～915 W/（$m^2 \cdot K$）。

四、鼓泡塔的操作

本部分以乙醛氧化制乙酸为例来说明鼓泡塔的操作。

1. 工艺流程简述

（1）反应原理

乙酸又名醋酸，是具有刺激气味、无色透明的液体。乙酸广泛应用于化工、食品、药品等行业，是非常重要的基础原料。乙酸的生产方法很多，应用最为广泛的是由乙醛氧化制备乙酸。

乙醛氧化制备乙酸的原理是：乙醛先与空气或氧气氧化成为过氧醋酸，过氧醋酸很不稳定，积累到一定程度会分解并引起爆炸。因此，该反应必须在催化剂醋酸锰的存在下才能顺利进行。催化剂的作用是将生成的过氧醋酸及时分解成醋酸，从而防止过氧醋酸积累、分解和爆炸。

乙醛被氧化成过氧醋酸后，在醋酸锰的催化下分解，同时，再与乙醛氧化生成乙酸，放出大量热量。发生氧化反应的场所为鼓泡塔。其化学反应方程式为：

$$CH_3CHO + O_2 \longrightarrow CH_3COOOH$$
$$CH_3COOOH + CH_3CHO \longrightarrow 2CH_3COOH$$

（2）工艺流程

乙醛和氧气在催化剂的作用下，进入全返混型反应器氧化塔（鼓泡塔）的反应区发生反应，产生的反应热由外部换热器移走，经换热器冷凝后的稀醋酸送入闪蒸罐。闪蒸罐的作用是在正常操作下作为稀醋酸的缓冲罐，醋酸成品不合格需要重新蒸馏时，也会通过泵送至此处中间储存，待需要时再送往蒸馏系统。氧化塔的尾气送到尾气洗涤塔中吸收残余乙醛和醋酸后放空，稀醋酸一部分返回到氧化塔作为循环液，另一部分进入蒸馏回收系统，精制成醋酸。其工艺流程简图如图 3-3-6 所示。本部分主要讲述鼓泡塔的操作，精馏部分的流程不再详细描述。

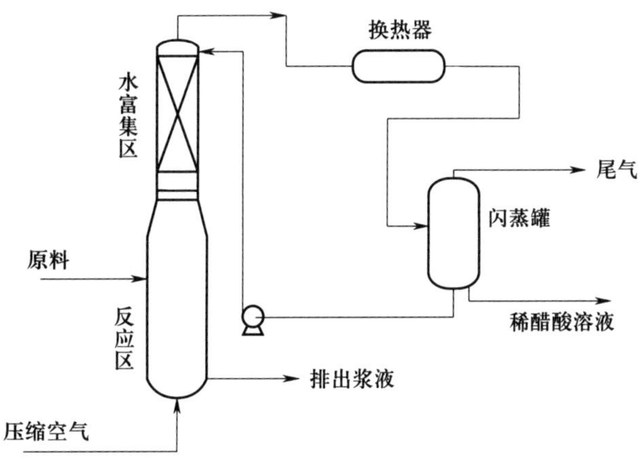

图 3-3-6　乙醛氧化制乙酸工艺流程简图

2. 工艺操作

（1）冷态开车

①开车前准备。

②建立系统醋酸运行大循环。

③氧化液的配制。

④第一氧化塔投氧。

⑤第二氧化塔投氧。

⑥尾气洗涤塔投用。

⑦氧化塔出料。

（2）正常停车

①摘除联锁。

②中止氧化反应。

③退料。

④停运。

3. 常见异常现象及处理方法（见表3-3-1）

表3-3-1　常见异常现象及处理方法

异常现象	原因	处理方法
氧化塔液面波动	循环泵损坏，球罐压力波动	开启循环泵B，关闭循环泵A，调节液位至正常值
氧化塔温度波动	冷却水调节阀损坏	开启换热器B的调节阀，同时关闭换热器A的调节阀，调节温度至正常值
氧化塔进醛流量波动，不稳定	进料球罐内的乙醛物料已用完	①将控制开关按键由INTERLOCK打向BP； ②将氧化塔的进醛控制阀关闭，停止进醛，并关闭进催化剂的控制阀； ③当醛含量降至0.1%以下时，关闭进氧阀，同时关闭第二氧化塔的蒸汽控制阀； ④醛被氧化完后，逐步退料到闪蒸罐中； ⑤停氧化塔的循环操作并关闭换热器的冷却水控制阀； ⑥退料结束后，关闭第二氧化塔的冷却水控制阀； ⑦关闭进氮气阀
氧化塔塔顶尾气中乙醛含量高	催化剂的量不够，或催化剂的质量下降	打开氧化塔的进催化剂控制阀，使其开度大于70%，增加催化剂的用量，或补充新鲜催化剂
氧化塔塔顶压力升高	塔顶放空阀调节失控	①打开氧化塔的塔顶压力控制阀B； ②关闭压力控制阀A，用控制阀B调节压力； ③在保证尾气中氧含量的同时，减小氮气的进料量
氧化塔尾气中含氧量高	进料中乙醛和氧气的配比不合适	①开大乙醛进料阀，调节进料配比； ②开大催化剂进料阀，增加催化剂的用量

思考与练习

一、填空题

1. 鼓泡塔内，气体从塔底经__________以__________的形式在液体内浮升，通过气泡壁面与液体接触，完成气液________。

2. 鼓泡塔按结构不同，通常分为____________、____________、____________和____________。

3. 鼓泡塔通常由____________、____________、____________三部分组成。

4. 鼓泡塔内安置水平多孔隔板的作用是为了防止____________。

5. 随着空塔气速的变化，液体会在塔内出现不同的流动状态，一般可分为__________、__________和__________。

6. 鼓泡塔内气泡的形成方式有两种，当空塔气速较低时，主要靠________________形成气泡；当空塔气速较高时，主要靠________________形成气泡。

7. 鼓泡塔内的气体阻力由两部分组成，一是来自________________的阻力，二是塔内气液混合区域的________。

二、单选题

1. 最适用于缓慢化学反应系统或伴有大量热效应的反应系统的鼓泡塔是（　　）。

A. 空心式鼓泡塔　　B. 多段式鼓泡塔

C. 气提式鼓泡塔　　D. 液体喷射式鼓泡塔

2. 为防止返混，可在鼓泡塔内安置（　　）。

A. 夹套　　B. 蛇管　　C. 多孔隔板　　D. 外循环加热器

3. 简单的鼓泡塔通常选择在（　　）状态下操作。

A. 安静鼓泡区　　B. 湍动鼓泡区　　C. 过渡区　　D. 各区域都行

4. 当鼓泡塔在安静鼓泡区操作时，影响液相传质系数的因素不包括（　　）。

A. 气泡大小　　B. 空塔气速　　C. 液体性质　　D. 鼓泡塔径

三、判断题

1. 当空塔气速小于 0.05 m/s 时，称为安静鼓泡区状态。（　　）

2. 在同样的空塔气速下，气泡越大，说明分散性越好，气液相的接触面积就越大。（　　）

3. 气泡在液相中借助浮力上升，随着上升速度的增加，阻力也随之减小。（　　）

4. 当空塔气速较小时，传热系数随着气速的增大而增大，但当气速超过临界值时，气速的增加将不再影响传热系数。（　　）

课题四

固定床反应器的操作

任务一　认识固定床反应器

学习目标

1. 掌握固定床反应器的类型及特点
2. 掌握固定床反应器的结构
3. 掌握固定床反应器的工作原理

任务引入

你是某化工企业的操作工，某天你接到班组长下发的任务，需要用合成氨生产装置生产氨，工作场地是公司反应车间，工作对象是合成氨生产装置，其核心设备为固定床反应器。在生产氨之前，你需要先学习固定床反应器类型及特点、发展趋势及结构，了解相关的知识，为合成氨生产奠定基础。

相关知识

一、固定床反应器的概念

固定床反应器是流体通过静止的固体颗粒所形成的床层而进行反应的装置。在生产过程中，应用最广泛的是气态反应物料通过固体催化剂床层进行反应的气固相催化反应器。

二、固定床反应器的特点

1. 固定床反应器优点

（1）在生产操作中，除床层极薄和气体流速很低等特殊情况外，床层内气体的流动皆可看成理想置换流动，因此其化学反应速率较快，在完成同样生产能力时，所需要的催化剂用量和反应器体积较小。

（2）气体停留时间可以严格控制，温度分布可以调节，因而有利于提高化学反应的转化率和选择性。

（3）催化剂不易磨损，可以较长时间连续使用。

（4）适宜于高温高压条件下操作。

2. 固定床反应器缺点

（1）催化剂载体往往导热性不良，气体流速受压降限制，导致床层中传热性能较差，给温度控制带来困难。

（2）不能使用细粒催化剂，否则会导致流体阻力增大，影响正常操作，进而使催化剂的活性内表面无法得到充分利用。

（3）催化剂的再生和更换均不方便，因此，对于需要频繁再生的反应，一般不宜采用，而常选择流化床反应器或移动床反应器作为替代方案。

对于放热反应，在换热式反应器的入口处，因为反应物浓度较高，反应速率较快，放出的热量往往来不及移走，而使物料温度升高，这又促使反应以更快的速率进行，放出更多的热量，物料温度继续升高，直到反应物浓度降低，反应速率减慢，传热速率超过了反应速率时，温度才逐渐下降。

在放热反应时，通常在换热式反应器的轴向存在一个最高的温度点，称为“热点”。如设计或操作不当，则在强放热反应时，床内热点温度会超过工艺允许的最高温度，甚至失去控制而会出现“飞温”。此时，对反应的选择性、催化剂的活性和寿命、设备的强度等均极不利。

三、固定床反应器的类型及结构

根据传热要求和传热方式的不同，固定床反应器主要分为绝热式和换热式两类。

1. 绝热式固定床反应器（见图 4－1－1）

此类反应器由于绝热措施良好，基本没有热量损失，与外界不存在热量交换，且具有结构简单的特点。绝热式固定床反应器又分为单段绝热式反应器和多段绝热式反应器。

（1）单段绝热式反应器

单段绝热式反应器是中空圆底的结构，底部放置隔板（支承板），固体催化剂被堆积在隔板上。反应气体经预热到适当温度后，从圆筒体上部通入，经过气体预分布装置均匀通过催化剂层进行反应，反应后的气体由下部引出。这类反应器结构简单，生产能力大。对于反应热效应不大，温度允许有较宽变动范围的反应过程，常采用此类反应器。以天然气为原料的大型氨厂中的一氧化碳中（高）温变换及低温变换甲烷化反应都采用单段绝热式反应器。

对于热效应较大的反应，只要对反应温度不是很敏感或是反应速率非常快的过程，有时也使用此种类型的反应器。例如，甲醇在银或铜催化剂上用空气氧化制甲醛时，虽然反应热很大，但因反应速度很快，则只需薄薄的催化剂床层即可，其薄层反应器如图 4-1-2 所示。此薄层为绝热床层，下段为列管式换热器。反应物预热到 383 K，经反应后温度升至 873～923 K，随即在混合气体高线速度条件下进入冷却器，以防止甲醛发生进一步氧化或分解反应。

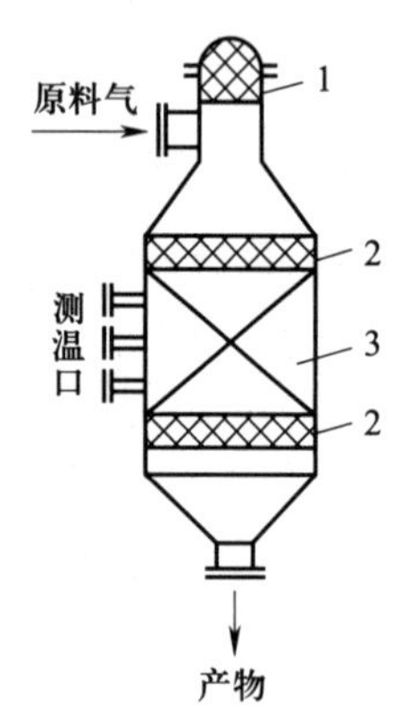

图 4-1-1　绝热式固定床反应器

1—矿渣棉　2—瓷环　3—催化剂

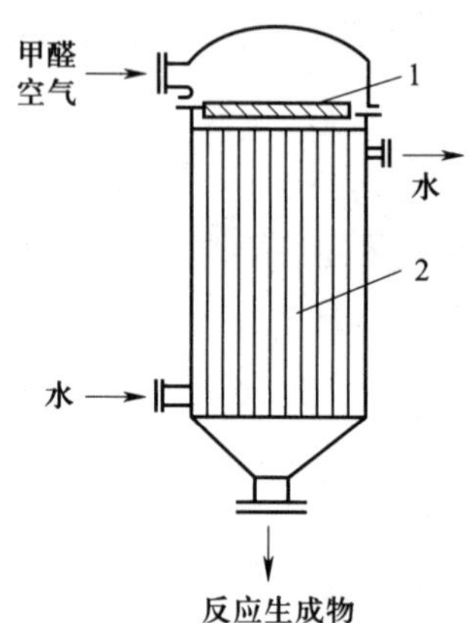

图 4-1-2　甲醇氧化的薄层反应器

1—催化剂　2—冷却器

单段绝热式反应器的缺点是反应过程中温度变化较大，当反应热效应较大而反应速率较慢时，则绝热升温必将使反应器内温度的变化超出允许范围。

（2）多段绝热式反应器（见图 4-1-3）

多段绝热式反应器是为弥补单段绝热反应器不足而提出的，在多段绝热式反应器中，反应气体通过第一段绝热床反应器，达到一定的温度和转化率，当其状态离可逆放热单一反应的平衡温度曲线不太远时，将反应气体冷却至远离平衡温度曲线的状态。之后，再进行下一段的绝热反应，反应和冷却（或在必要时加热）的过程交替进行。根据反应的特征，一般可以采用二段、三段或四段绝热床的设计。根据段间反应气体的冷却或加热方式，多段绝热式反应器又分为中间间接换热式和冷激式。中间间接换热式是在段间装有换热器，其作用是将上一段的反应气冷却，同时利用此热量将未反应的气体预热或通入外来载热体取出多余反应热，如图 4-1-3a～c 所示。二氧化硫氧化、乙苯脱氢过程等常用中间间接换热式。中间间接换热式是用热交换器使冷、热流体通过管壁进行热交换。而冷激式则是用冷流体直接与上一段出口气体混合，以降低反应温度。冷激用的冷流体如果是非关键组分的反应物，称为非原料气冷激式，如图 4-1-3d 所示。冷激用的冷流体如果是尚未反应的原料气，称为原料气冷激式，如图 4-1-3e 所示。冷激式反应器结构简单，便于装卸催化剂，内无冷管。避免由于少数冷管损坏而影响操作，特别适用于大型催化反应器。工业上常采用冷激式的情况是高压下操作的反应器（如大型氨合成塔、一氧化碳和氢合成甲醇等）。

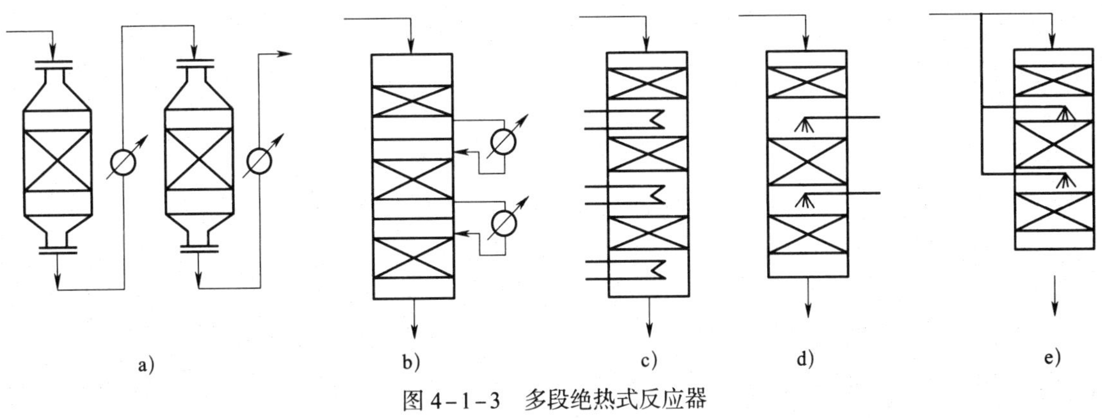

图 4-1-3　多段绝热式反应器

a）~c）中间间接换热式　d）非原料气冷激式　e）原料气冷激式

总之，绝热式固定床反应器结构简单，同样大小装置所容纳的催化剂较多且反应效率高，广泛适用于大型、高温高压的反应。

2. 换热式固定床反应器

以各种载热体为换热介质的对外换热式固定床反应器多为列管式结构，如图 4-1-4 所示，类似于列管式换热器。在管内装填催化剂，壳程通入载热体。通常采用 25～30 mm 的小管径，传热面积大，有利于强放热反应。换热式固定床反应器的传热效果好，催化剂床层温度易控制，又因管径较细，流体在催化剂床层内的流动可视为理想置换流动，故反应速率快，选择性高。然而其结构较复杂，设备费用高。

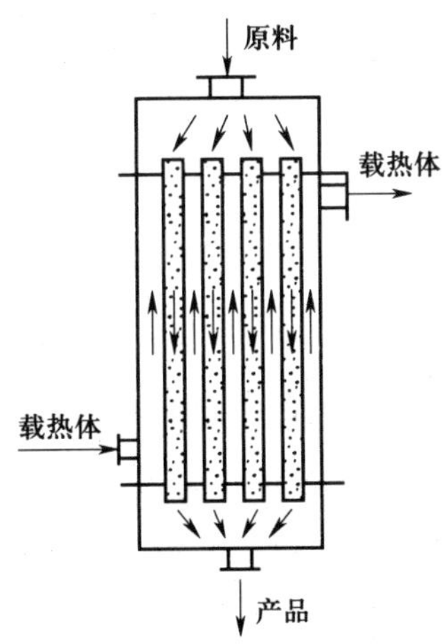

图 4-1-4　换热式固定床反应器

在换热式固定床反应器中，保持反应稳定进行的关键是合理选择载热体及其温度的控制。载热体与反应体系的温差宜小，但必须能移走反应过程中释放出的大量热量。这就要求反应器有较大的传热面积和传热系数。一般反应温度在 240 ℃以下宜采用加压热水作载热体；反应温度在 250～300 ℃，可采用挥发性低的导热油作载热体；反应温度在 300 ℃以上需采用熔盐作载热体。

对于强放热的反应如氧化反应，径向和轴向都有温差。如果催化剂的导热性能良好，气体流速较快，则径向温差较小。轴向的温度分布主要决定于沿轴向各点的放热速率和管外载热体的移热速率。一般沿轴向温度分布都有一最高温度，称为热点，其温度分布如图 4-1-5 所示。在热点以前放热速率大于移热速率，因此出现轴向床层温度升高，热点以后移热速率大于放热速率，故沿床层温度逐渐降低。控制热点温度是使反应能顺利进行的关键。热点温度过高，使反应选择性降低，催化剂性能变差，甚至使反应失去稳定性而产生飞温。热点出现的位置及高度与反应条件的控制、传热和催化剂的活性有关。随着催化剂的逐渐老化，热点温度逐渐下移，催化剂床层高度也逐渐降低。

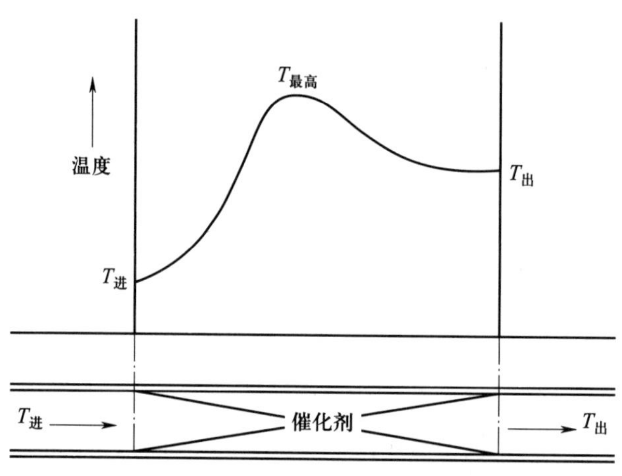

图 4-1-5　换热式固定床反应器的温度分布

热点温度的出现，使得整个催化剂床层中只有一小部分催化剂处于所需求的温度条件下操作，这影响了催化剂效率的充分发挥。降低热点温度，可以减少轴向温差，使沿轴向大部分催化剂床层能在适宜的温度范围内操作。工业生产上降低热点温度采用的措施有：①在原料气中带入微量抑制剂，使催化剂部分毒化；②在原料气入口处附近的反应管上层可以放置一定高度的用惰性载体稀释的催化剂，或者放置一定高度已部分老化的催化剂，这两项措施的目的是降低入口处附近的反应速率，以降低放热速率，与移热速率尽可能平衡；③采用分段冷却法，改变移热速率，与放热速率尽可能平衡等。

思考与练习

一、单选题

1. 一般反应温度在 240 ℃以下宜采用（　　）作载热体。

A. 加压热水　　B. 导热油　　C. 熔盐　　D. 电加热

2. 反应温度在 250～300 ℃宜采用（　　）作载热体。

A. 加压热水　　B. 导热油　　C. 熔盐　　D. 电加热

3. 反应温度在 300 ℃以上宜采用（　　）作载热体。

A. 加压热水　　B. 导热油　　C. 熔盐　　D. 电加热

二、填空题

1. 根据传热要求和传热方式的不同，固定床反应器主要分为________和________两类。

2. 无热量损失且与外界无热量交换的固定床反应器称为________反应器，又可以分为________和________。

3. 根据段间反应气体的冷却或加热方式，多段绝热式反应器又分为__________和__________，冷激用的冷流体如果是非关键组分的反应物，称为__________。冷激用的冷流体如果是尚未反应的原料气，称为__________。

4. 换热式固定床反应器，在管内装填__________，壳程通入__________。

三、简答题

1. 什么是固定床反应器？

2. 什么是“热点”？

3. 工业生产上降低热点温度的措施有哪些？

任务二　固定床反应器的操作

学习目标

1. 了解并描述固定床反应器的实训装置流程（包括主要动设备、静设备、阀门、仪表）
2. 掌握固定床反应器常用的催化剂
3. 能进行固定床反应器的开车操作
4. 能进行固定床反应器的停车操作
5. 能维持固定床反应器的正常生产

任务引入

你是某化工企业的操作员，要求能独立进行固定床反应器的日常维护保养工作，能和同事合作进行固定床反应器常见故障的排查及处理工作。在工作开始之前，你需要先学习固定床反应器的日常维护和故障处理的相关知识。

相关知识

一、工艺流程简述

1. 固定床反应器主要设备

固定床反应器的主要设备见表 4-2-1。

表 4-2-1 固定床反应器的主要设备

编号	名称
EH423	原料气 / 反应气换热器
EH424	原料气预热器
EH429	C_4 蒸气冷凝器
EV429	C_4 闪蒸罐
ER424A/B	C_2X 加氢反应器

2. 固定床反应器的工艺流程

（1）工艺流程

本流程为利用催化加氢脱乙炔的工艺。固定床现场图如图 4-2-1 所示，乙炔是通过等温加氢反应器除掉的，反应器温度由壳侧中冷剂温度控制。

主反应：$nC_2H_2+2nH_2 \longrightarrow (C_2H_6)_n$，该反应是放热反应。每克乙炔反应后放出热量约为 34 000 kcal（1 kcal≈4.19 kJ）。温度超过 66 ℃时产生副反应：$2nC_2H_4 \longrightarrow (C_4H_8)_n$，该反应也是放热反应。

冷却介质为液态丁烷，通过丁烷蒸发带走反应器中的热量，丁烷蒸气通过冷却水冷凝。

固定床分散控制系统图如图 4-2-2 所示。反应原料分两股，一股为以 C_2 为主的烃原料，温度约 -15 ℃，进料量由乙炔流量指示控制器 FIC1425 控制；另一股为 H_2 与 CH_4 的混合气，温度约 10 ℃，进料量由氢气流量指示控制器 FIC1427 控制。FIC1425 与 FIC1427 为比值控制，两股原料按一定比例先在管线中混合后经原料气 / 反应气换热器 EH423 预热，再经原料气预热器 EH424 预热到 38 ℃，进入固定床反应器 ER424A/B。预热温度由温度指示控制器 TIC1466 通过调节 EH424 加热蒸汽的流量来控制。

C_2X 加氢反应器 ER424A/B 中的反应原料在 2.523 MPa、44 ℃下反应生成 C_2H_6。当温度过高时会发生 C_2H_4 聚合生成 C_4H_8 的副反应。反应器中的热量由反应器壳侧循环的加压 C_4 冷剂蒸发带走。C_4 蒸气在 C_4 蒸气冷凝器 EH429 中由冷却水冷凝，而 C_4 冷剂的压力由 EV429 压力指示控制器 PIC1426 通过调节 C_4 蒸气冷凝回流量来控制，从而保持 C_4 冷剂的温度。

（2）复杂控制回路说明

FFI1427 为比值调节器。根据 FIC1425（以 C_2 为主的烃原料）的流量，按一定的比例调整 FIC1427（H_2）的流量。

工业上为了保持两种或两种以上物料的比例为一定值的调节称为比值调节。对于比值调节系统，要明确哪种物料是主物料，而另一种物料要按主物料来配比。在本单元中，FIC1425

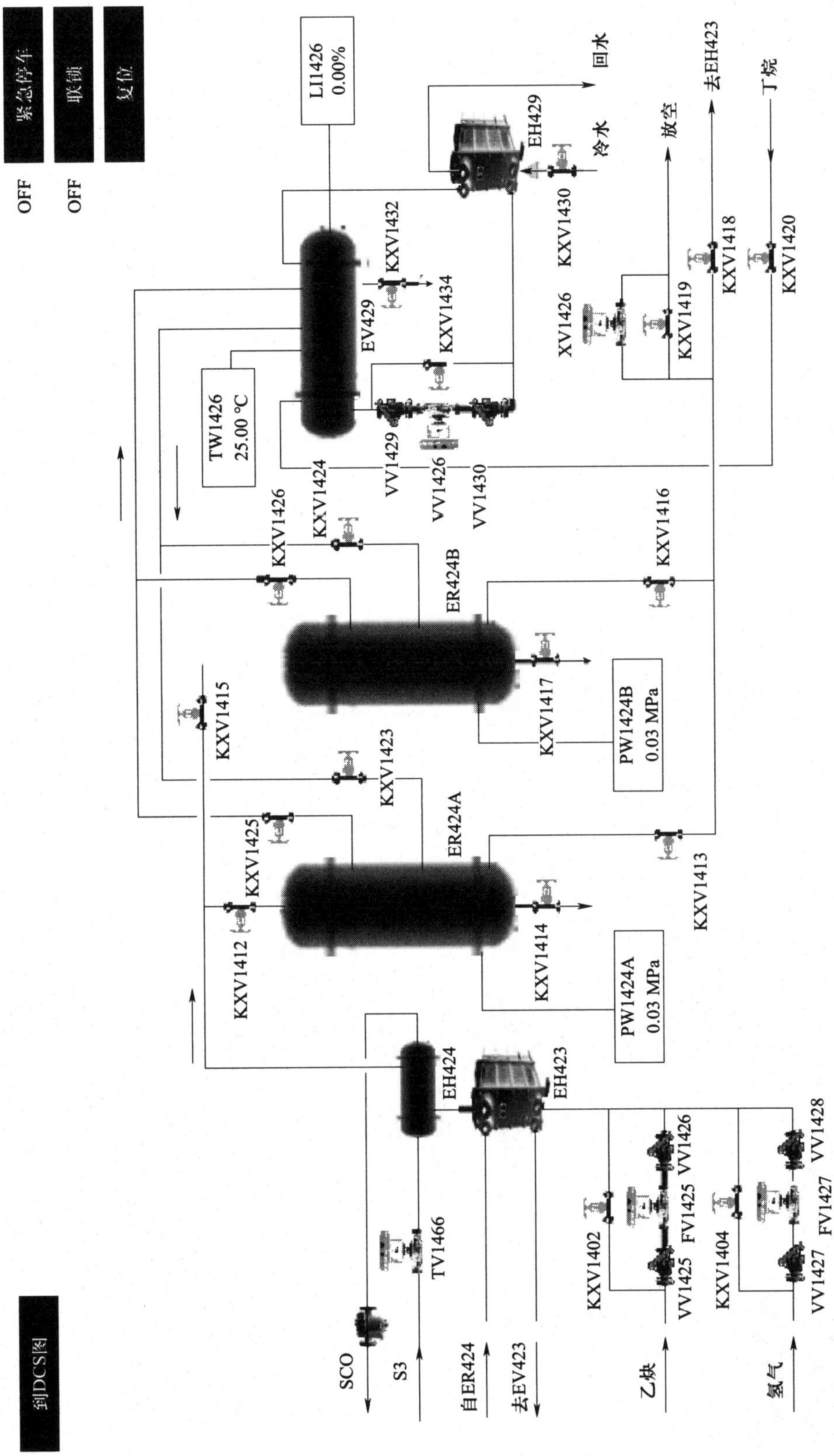

紧急停车
联锁
复位
OFF
OFF
到DCS图
LI1426
0.00%
TW1426
25.00 ℃
PW1424A
0.03 MPa
PW1424B
0.03 MPa
EH429
EV429
ER424A
ER424B
EH424
EH423
回水
冷水
放空
去EH423
丁烷
KXV1430
KXV1432
KXV1434
KXV1424
KXV1426
KXV1423
KXV1425
KXV1412
KXV1415
KXV1414
KXV1417
KXV1413
KXV1416
KXV1418
KXV1419
KXV1420
XV1426
VV1429
VV1426
VV1430
TV1466
KXV1402
KXV1404
VV1425
FV1425
VV1426
VV1427
FV1427
VV1428
SCO
S3
自ER424
去EV423
乙炔
氢气

图 4-2-1　固定床现场图

去现场

去组分析

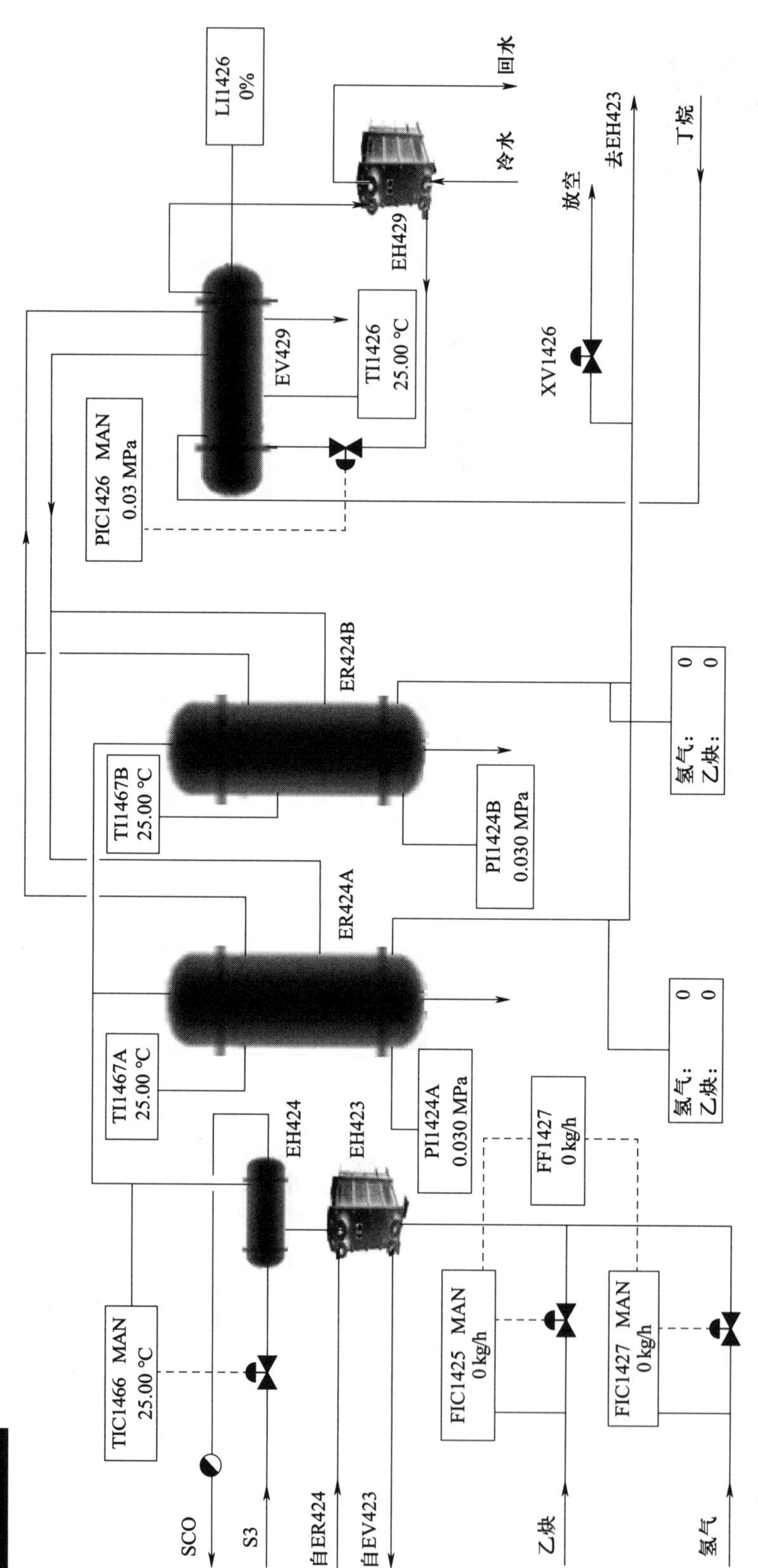

图 4-2-2 固定床分散控制系统图

（以 C_2 为主的烃原料）为主物料，而 FIC1427（H_2）的量是随主物料（C_2 为主的烃原料）的量的变化而改变。

二、固定床反应器常见的催化剂

1. 催化剂的使用性能

（1）活性

催化剂的活性是指催化剂改变反应速率的能力，即加快反应速率的程度。

①比活性。用单位表面积上的反应速率即比活性来表示活性的大小。在大多数的情况下，催化剂的比表面积越大，活性越高。

②转化率。用转化率表示催化剂的活性，是在一定反应时间、反应温度和反应物料配比下进行比较的。转化率高，则催化活性高；转化率低，则催化活性低。

③空时收率。空时收率是指单位时间内单位催化剂上生成目的产物的数量。在生产过程中，常以催化剂的空时收率来衡量催化剂的生产能力。

（2）选择性

选择性是指催化剂促使反应向所要求的方向进行而得到目的产物的能力。催化剂具有选择性说明不同类型的反应，需要不同的催化剂，同样的反应物用不同的催化剂就能得到不同的产物。

（3）使用寿命

催化剂的使用寿命是指催化剂在反应条件下具有活性的使用时间或活性下降经再生而又恢复的累计使用时间。它也是催化剂的一个重要性能指标。催化剂寿命越长，使用价值越大。高活性、高选择性的催化剂，还需要有长的使用寿命。催化剂活性随时间变化的曲线可以分为三个时间段，即成熟期、稳定期和衰老期。

（4）机械强度

机械强度主要表现为催化剂耐压强度和催化剂耐磨强度。机械强度差的催化剂，在装填、运转过程中容易破损和流失，从而影响反应器中流体流动的情况，造成压降增高，甚至不能正常操作。

（5）热稳定性

催化剂在催化过程中不发生烧结、微晶长大和晶相转变等变化；一种良好的催化剂，应能在高温苛刻的反应条件下长期具有一定水平的活性。大多数催化剂都有极限使用温度，超过一定范围活性就会降低，甚至完全失活。衡量催化剂的热稳定性，是将使用温度开始逐渐升温，记录催化剂能忍受多高的温度和维持多长时间而活性不变，耐热温度越高、时间越长，则催化剂的寿命越长。

2. 催化剂的再生

催化剂的再生是指催化剂活性下降后，通过适当的处理使其活性得到恢复的操作。需要注意的是，催化剂的再生是针对催化剂的暂时性中毒或物理中毒，如果催化剂受到永久性中毒，就难以进行再生。

（1）水蒸气处理

对于轻油水蒸气转化制合成气所使用的镍基催化剂，当处理积炭现象时，可以通过加大水蒸气与原料油的比例或停止加入原料油，单独使用水蒸气吹洗催化剂床层，直至所有积炭全部清除。

（2）空气处理

当催化剂表面吸附了炭或碳氢化合物，阻塞了微孔结构时，可以通入空气进行燃烧或氧化，使催化剂表面的炭及类焦状化合物与氧反应，将其转化为二氧化碳放出。

（3）通入氢气或不含毒物的还原性气体

如合成氨使用的熔铁催化剂，当原料中含氧或氧的化合物浓度过高，受到毒害时，可停止通入该气体，而改用合格的氮气－氢气混合气体进行处理，催化剂可获得再生。

（4）用酸或碱溶液处理

如加氢用的骨架镍催化剂被毒化后，通常采用酸或碱以除去毒物。

三、固定床反应器的操作

1. 固定床反应器的开车操作

装置的开工状态为反应器和闪蒸罐均已进行过氮气冲压置换，并保持在 0.03 MPa 的保压状态，因此可以直接进行实气冲压置换操作。

（1）C_4 闪蒸罐 EV429 充丁烷

①确认 EV429 压力为 0.03 MPa。

②打开 EV429 回流阀 PV1426 的前后阀 VV1429、VV1430。

③调节 PV1426（PIC1426 的现场阀）阀开度为 50%。

④C_4 蒸气冷凝气 EH429 通冷却水，打开冷却水进料阀 KXV1430，开度为 50%。

⑤打开 EV429 的丁烷进料阀门 KXV1420，开度 50%。

⑥当 EV429 液位到达 50% 时，关进料阀 KXV1420。

（2）ER424A 反应器充丁烷

①确认事项

a. 反应器 0.03 MPa 保压。

b. EV429 液位到达 50%。

②充丁烷

打开丁烷冷剂进 ER424A 壳层的阀门 KXV1423，有液体流过，充液结束；同时打开出 ER424A 壳层的阀门 KXV1425。

（3）ER424A 启动

①启动前准备工作

a. ER424A 壳层有液体流过。

b. 打开 TIC1466，开度 30%。

c. 调节 PIC1426 设定，压力控制设定在 0.4 MPa，投自动。

②ER424A 充压、实气置换

a. 打开 FIC1425 的前后阀 VV1425、VV1426 和 C_2H_2 进 ER424A 的阀 KXV1412。

b. 打开阀 KXV1418，开度为 50%。

c. 微开 ER424A 出料阀 KXV1413，FIC1425 打到手动状态，慢慢增加进料，提高反应器压力，充压至 2.523 MPa。

d. 慢开 ER424A 出料阀 KXV1413 至 50%，充压至压力平衡。

e. FIC1425 设自动，设定值为 56 186.8 kg/h。

③ER424A 配氢，调整丁烷冷剂压力

a. 稳定反应器入口温度在 38.0 ℃，投自动，使 ER424A 升温。

b. 当反应器温度接近 38.0 ℃（超过 32.0 ℃），准备配氢。打开 FV1427 的前后阀 VV1427、VV1428。

c. FIC1427 设自动，流量设定 80 kg/h。

d. 观察反应器温度变化，当氢气量稳定 2 min 后，FIC1427 设手动。

e. 缓慢增加氢气量，注意观察反应器温度变化。

f. 氢气流量控制阀开度每次增加不超过 5%。

g. 氢气量最终加至 200 kg/h 左右，此时 $H_2/C_2 = 2.0$，FIC1427 投串级。

h. 控制反应器温度 44.0 ℃左右。

2. 固定床反应器的停车操作

（1）正常停车

①关闭氢气进料，关闭 VV1427、VV1428，FIC1427 设手动，设定值为 0%。

②关闭 EH424 蒸汽进料，TIC1466 设手动，开度 0%。

③PIC1426 设手动，开度 100%。

④逐渐减少乙炔进料阀 FV1425，开大 EH429 进料阀 KXV1430。

⑤逐渐降低反应器温度、压力，至常温、常压。

⑥逐渐降低闪蒸罐温度、压力，至常温、常压。

（2）紧急停车

①与停车操作规程相同。

②也可按紧急停车按钮（在现场操作图上）。

3. 固定床反应器正常工况的维持

（1）正常工况下工艺参数

①FIC1427 稳定在 200 kg/h 左右。

②FIC1425 设自动，设定值为 56 186.8 kg/h，FIC1427 设串级。

③PIC1426 压力控制在 0.4 MPa。

④反应器 ER424A 压力 PI1424A 控制在 2.523 MPa。

⑤TIC1466 设自动，设定值为 38.0 ℃。

⑥反应器温度指示器 TI1467A 为 44.0 ℃。

⑦EV429 液位指示器 LI1426 为 50%。

⑧EV429 温度指示器 TI1426 控制在 38.0 ℃。

（2）ER424A 与 ER424B 间切换

①关闭氢气进料。

②ER424A 温度下降低于 38.0 ℃后，打开 C_4 冷剂进 ER424B 的阀 KXV1424、KXV1426，关闭 KXV1423、KXV1425。

③开 C_2H_2 进 ER424B 的阀 KXV1415，微开 KXV1416。关闭 KXV1412。

（3）ER424B 的操作

ER424B 的操作与 ER424A 操作相同。

4. 联锁说明

该单元有一联锁。

（1）联锁源

①现场手动紧急停车（紧急停车按钮）。

②反应器温度高报（TI1467A/B＞66 ℃）。

（2）联锁动作

①关闭氢气进料，FIC1427 设手动。

②关闭 EH424 蒸汽进料，TIC1466 设手动。

③ PIC1426 设手动，开度 100%。

④自动打开 XV1426。

该联锁有一复位按钮。

注：在复位前，应确定反应器温度是否已降回正常，同时处于手动状态的各控制点的设定应设成最低值。

5. 仪表及报警一览表（见表 4－2－2）

表 4－2－2　　仪表及报警一览表

位号	说明	类型	量程高限	量程低限	工程单位	报警上限	报警下限
PIC1426	EV429 罐压力控制	PID	1.0	0	MPa	0.70	无
TIC1466	EH423 出口温控	PID	80.0	0	℃	43.0	无
FIC1425	C_2X 流量控制	PID	700 000.0	0	kg/h	无	无
FIC1427	H_2 流量控制	PID	300.0	0	kg/h	无	无
FT1425	C_2X 流量	PV	700 000.0	0	kg/h	无	无
FT1427	H_2 流量	PV	300.0	0	kg/h	无	无
TC1466	EH423 出口温度	PV	80.0	0	℃	43.0	无
TI1467A	ER424A 温度	PV	400.0	0	℃	48.0	无
TI1467B	ER424B 温度	PV	400.0	0	℃	48.0	无
PC1426	EV429 压力	PV	1.0	0	MPa	0.70	无

续表

位号	说明	类型	量程高限	量程低限	工程单位	报警上限	报警下限
LI1426	EV429 液位	PV	100	0	%	80.0	20.0
AT1428	ER424A 出口氢浓度	PV	200 000.0	0	1×10^{-6}	90.0	无
AT1429	ER424A 出口乙炔浓度	PV	1 000 000.0	0	1×10^{-6}	无	无
AT1430	ER424B 出口氢浓度	PV	200 000.0	0	1×10^{-6}	90.0	无
AT1431	ER424B 出口乙炔浓度	PV	1 000 000.0	0	1×10^{-6}	无	无

思考与练习

一、填空题

1. 催化剂改变反应速率的能力，即加快反应速率的程度称为催化剂的__________，表示的指标有__________、__________、__________。

2. 催化剂活性下降后，通过适当的处理使其活性得到恢复的操作称为催化剂的__________，针对催化剂的__________或__________。

二、简答题

1. 什么是比值调节？
2. 催化剂再生有哪些处理方法？

任务三　固定床反应器的故障处理及维护

学习目标

1. 掌握固定床反应器的日常维护工作
2. 掌握固定床反应器常见的故障
3. 常见故障的处理方法

任务引入

你是某化工企业的操作员，要求能独立进行固定床反应器的日常维护保养工作，能和同事合作进行固定床反应器常见故障的排查及处理工作，在工作开始前，你需要先学习固定床反应器的日常维护和故障处理的相关知识。

相关知识

一、固定床反应器的日常维护

1. 生产期间的日常维护

生产期间要严格控制各项工艺指标，防止超温超压运行，尤其是当温度过高时，会使催化剂过热，活性降低，加速老化。

循环气体成分应控制在最正确范围，应特别注意有毒气体含量不得超过指标，以免催化剂中毒，升、降温及升、降压速率应严格按规定执行。

定期检查设备各连接处及阀门管道等，消除跑、冒、滴、漏及振动等不正常现象。

在操作停车或充氮期间均应检查壁温，并认真做好操作记录。

运行期间不得进行修理工作，不得带压紧固螺栓，不得调整安全阀。按规定定期校验压力表。

主螺栓应定期加润滑剂，其他螺栓和紧固件也应定期涂防腐油脂。

有下列情况之一者，应停反应器：

（1）压力超出允许压力，不停反应器压力降不下来；

（2）加氢系统安全阀失灵；容器主要部件产生裂纹或出现漏水、漏气情况；

（3）严重火灾，直接威胁到反应器的平安运行；

（4）压力表失灵，又没有其他方法测定反应器内压力；

（5）发生其他不允许继续运行的情况。

2. 停车期间的日常维护

停车期间无论短期停车或者长期停车，根据需要进行以下维护：

（1）检查和校验压力表；

（2）用超声波测厚仪测定与容器相连接管道、管件的壁厚；

（3）检查各紧固件有无松动现象；

（4）检查反应器外表、防腐层是否完好，对反应器壁外表的锈蚀情况要绘制简图予以记载；

（5）短期停反应器时必须保持正压，防止空气进入烧坏催化剂；

（6）长期停反应器，还必须定期检修停反应器所做的各项检查。

二、固定床反应器常见故障现象及处理方法

1. 氢气进料阀卡住

原因：FIC1427 卡在 20% 处。

故障现象：氢气量无法自动调节。

处理方法：降低 EH429 冷却水的量。用旁路阀 KXV1404 手工调节氢气量。

2. EH424 阀卡住

原因：TIC1466 卡在 70% 处。

故障现象：换热器出口温度超高。

处理方法：增加 EH429 冷却水的量。减少配氢量。

3. 闪蒸罐压力调节阀卡

原因：PIC1426 卡在 20% 处。

故障现象：闪蒸罐压力、温度超高。

处理方法：增加 EH429 冷却水的量。用旁路阀 KXV1434 手工调节。

4. 反应器漏气

原因：反应器漏气，反应器 A 出料阀 KXV1414 卡在 50% 处。

故障现象：反应器压力迅速降低。

处理方法：停工。

5. EH429 冷却水停

原因：EH429 冷却水供应停止。

故障现象：闪蒸罐压力、温度超高。

处理方法：停工。

6. 反应器超温

原因：闪蒸罐通向反应器的管路有堵塞。

故障现象：反应器温度超高，会引发乙烯聚合的副反应。

处理方法：增加 EH429 冷却水的量。

思考与练习

一、填空题

1. 循环气体成分应控制在最正确范围，应特别注意有毒气体含量不得超过指标，以免________________，升、降温及升、降压速率应严格按规定执行。

2. 定期检查设备各连接处及阀门管道等，消除__________、__________、__________、__________及__________等不正常现象。

二、简答题

1. 生产期间温度过高对催化剂影响是什么？

2. 简述催化加氢脱乙炔固定床反应器超温的现象及处理方法。

3. 停车期间，固定床反应器应如何进行维护？

课题五

流化床反应器的操作

任务一　认识流化床反应器

学习目标

1. 了解流化床反应器的类型、特点及发展趋势
2. 知道流化床反应器的基本结构
3. 掌握流化床反应器的工作原理

任务引入

你是某聚丙烯生产企业共聚岗位的现场操作员，某天你接到班组长下发的任务，需要用流化床反应器单元装置生产高抗冲击共聚物，工作场地是公司合成生产车间，工作对象是高抗冲击共聚物的生产装置，其核心设备为流化床反应器。在生产高抗冲击共聚物之前，你需要先学习流化床反应器类型及特点、发展趋势、结构及其工作原理，了解相关的知识，为高抗冲击共聚物生产奠定基础。

相关知识

一、流化床反应器概述及分类

1. 流化床反应器的概述

流态化床反应器，简称流化床反应器，如图 5－1－1 所示，是一种利用气体或液体通过固

体床层，使固体颗粒悬浮于流体中并进行气固相反应或液固相反应的反应器。用于气固系统时，气固两相的运动状态就像沸腾的液体，故又称为沸腾床反应器。流化床反应器是工业上应用较为广泛的一类反应器，目前，流化床反应器已在化工、石油、冶金、核工业等部门得到普遍使用。

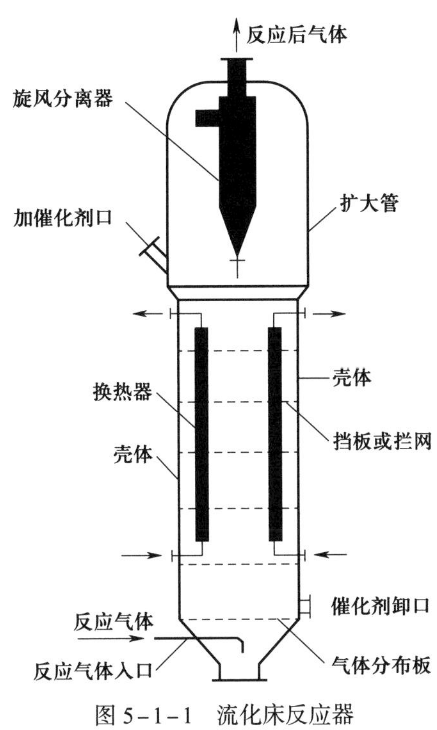

图 5-1-1　流化床反应器

2. 流化床反应器的分类

流化床反应器的分类方法很多，常用的分类方式见表 5-1-1，各种不同形式的流化床见图 5-1-2。

表 5-1-1　流化床反应器分类

分类标准	分类	特点
形状不同	圆筒形流化床	结构简单，制造容易，设备容积利用率高
	圆锥形流化床	结构较复杂，制造较困难，设备的利用率低，但因其截面自下而上逐渐扩大，故也具有很多优点，如适用于催化剂粒度分布较宽的体系。由于床层底部气速大，较大颗粒也能流化，防止了气体分布板阻塞现象的发生，上部气速低，减少了气流对细颗粒的带出，提高了小颗粒催化剂的利用率，也减轻了气固分离设备的负荷
反应器内床层数	单层流化床	气固相催化反应主要采用单层流化床
	多层流化床	多层流化床中，气流由下向上通过各床层，流态化的固体颗粒则沿溢流管从上往下依次流过各层分布板，由于物料停留时间长，可提高其转化率

续表

分类标准	分类	特点
固体颗粒是否在系统内循环	单器流化床	在工业上应用最为广泛，多用于催化剂使用寿命较长的气固相催化反应过程，如乙烯氧氯化反应器
	双器流化床	多用于催化剂寿命较短，容易再生的气固相催化反应过程，如石油化工中的催化裂化装置。在此类双器流化床中，催化剂在反应器（筒式或提升管式）和再生器间的循环，是靠控制两器的密度差实现的。因为两器间实现了催化剂的定量定向流动，所以同时完成了催化反应和催化剂再生的连续操作过程
固体流态化现象不同	聚式流化床	聚式流态化出现在气固密度差较大的体系，如气固流化床，表现为：颗粒在床层上的分布不均匀，床层呈现两相结构，一相是颗粒浓度与空隙率分布较为均匀的乳化相，另一相则是以气泡形式夹带少量颗粒穿过床层向上运动的不连续的气相
	散式流化床	液固相易形成散式流化。表现为：颗粒均匀地分布在整个流化床内且随着流速增加床层均匀膨胀，床内空隙率均匀增加，床层上界面平稳，压降稳定、波动很小。因此，散式流化态是较理想的流化状态
床层内有无内部构件	限制床	限制床是指床内设置内部构件的流化床，设置内部构件的目的是增加气固接触时间，减少气固返混，提高床层的稳定性，为高床层和高流速操作创造条件
	自由床	对于反应速度快、延长接触时间不会产生副反应或对于产品要求不高的催化反应过程，可采用自由床，如石化工业的催化裂化反应器
是否催化反应	气固相流化床催化反应器	气固相催化反应常用的一种反应器。在该反应器中，气体反应物在固体催化剂的作用下进行化学反应
	气固相流化床非催化反应器	在该反应器中，原料气直接与悬浮湍动的固体原料发生化学反应
应用	固相加工	加工对象主要是固体，如矿石的焙烧
	流体相加工	加工对象主要是流体，如石油催化裂化、酶反应过程等催化反应过程

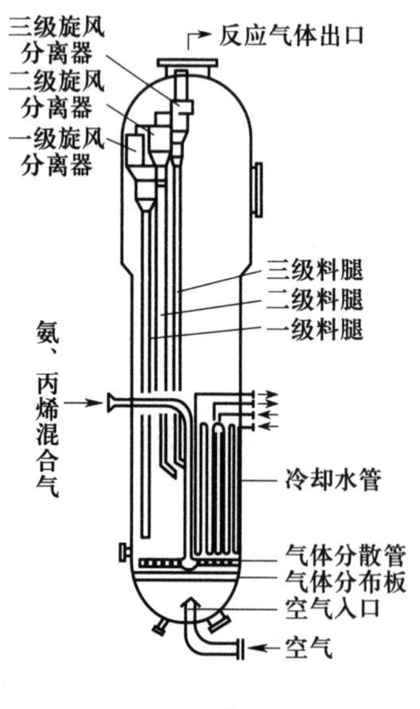

a)

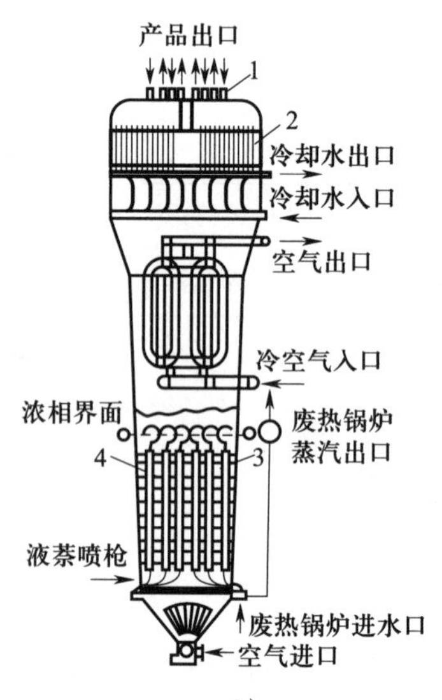

b)

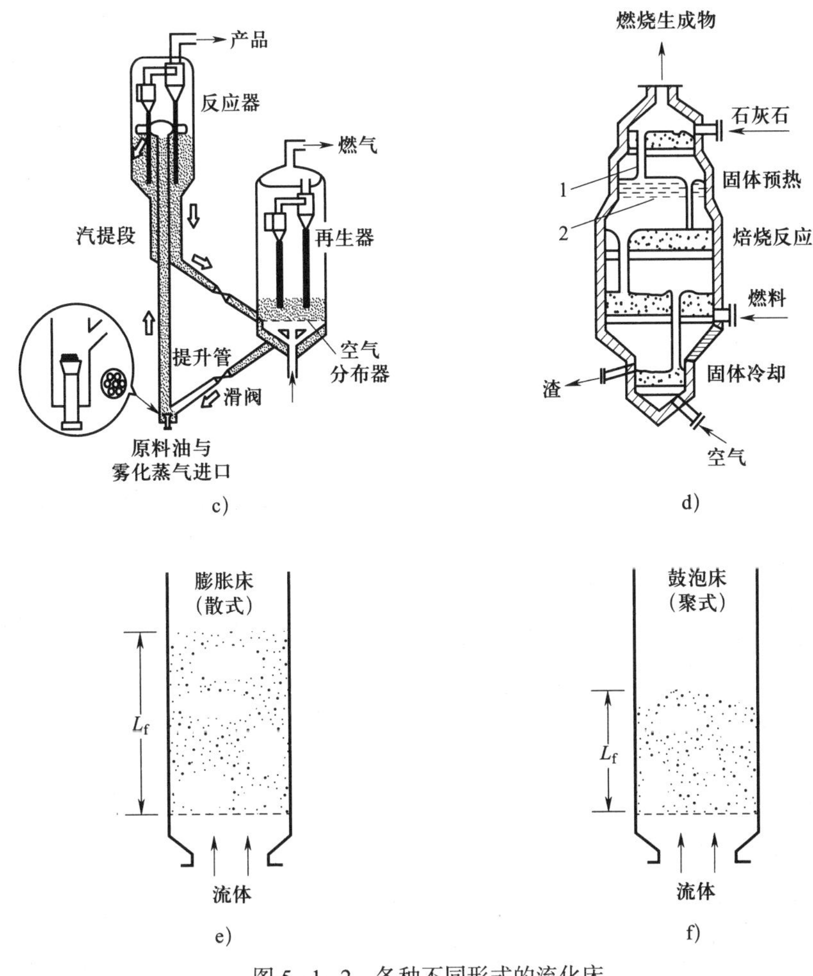

图 5-1-2　各种不同形式的流化床

a）圆筒形流化床（丙烯氨化氧化反应器）　b）圆锥形流化床（萘氧化反应器）
c）双器流化床（催化裂化反应装置）　d）多层流化床（石灰石焙烧反应器）
e）散式流化床　f）聚式流化床

3. 流化床反应器特点与发展趋势

（1）流化床反应器的特点

①优点。

a. 流化床反应器中所用固体颗粒粒度较小，因此具有较大的比表面积，且固体在悬浮状态下与流体接触，使得相间接触面积很大（气固可高达 3 280～16 400 m^2/m^3），从而提高了传质和传热效率，并且由于固体粒度小，降低了内扩散阻力，催化剂的利用率高。

b. 在流化床反应器的床层内，气流与固体颗粒剧烈搅动混合，使床层的温度分布均匀，避免了局部过热或局部反应不完全的现象，对于某些强放热且对温度很敏感的反应过程，使用流化床反应器更容易操作，因此被广泛应用于氧化、裂解、焙烧以及干燥等过程。

c. 流化床反应器中的颗粒群有类似流体的流动性，因此从床层中移出颗粒或向床层中加入新的颗粒都很方便。使得反应 - 再生、吸热 - 放热、正反应 - 逆反应的过程得以实现，尤其对于催化剂容易失活的反应，可使反应过程和催化剂再生过程连续化，提高了易失活催化剂在工程中的使用。

d. 通常固体颗粒的热容比同体积气体的热容大，因此可以利用循环颗粒作为传热介质，这样所需换热器的传热面积小、结构简单，可以简化反应器的结构，节省费用。

e. 由于固体颗粒悬浮在流体中，颗粒间的空隙随流体速度变化而改变，因此流化床反应器压降比较恒定。

②缺点。

a. 由于流体与床层颗粒发生返混，所以流化床反应器的床层在轴向没有温度差和浓度差，不适合要求催化剂层有温度分布的反应；流化床反应器中的气体存在以大气泡状态通过床层，导致气固接触不良，使反应转化率降低。因此，流化床反应器一般达不到固定床的转化率。

b. 流化床反应器中的催化剂颗粒间会相互剧烈碰撞，容易造成催化剂的破碎和损失，增加除尘的困难。

c. 因为固体颗粒的磨蚀作用，所以流化床的管道和容器磨损严重，严重时甚至造成换热器冷管的磨穿，导致冷却剂流入床层中，使催化剂失活。

d. 流化床反应器需要气固分离装置。由于固体颗粒间相互撞击摩擦而生成的细粉会被气流带走，为了减少经济损失和环境污染，需要高效的分离装置和捕集设施回收固体颗粒。

e. 操作气速受限。由于固体与气体密度相差较大（约 1 000 倍），因此流化床反应器的操作气速较难控制，气速过小，托不起固体颗粒；气速过大，会带走固体颗粒，造成固体损失。

综上所述，流化床反应器比较适用于下述反应过程：热效应很大的放热或吸热反应；要求有均一的催化剂温度和需要精确控制温度的反应；催化剂寿命比较短，操作较短时间就需更换（或活化）的反应；有爆炸危险的反应；某些在高浓度下操作的氧化反应等。

流化床反应器一般不适用如下情况：要求高转化率的反应；要求催化剂层有温度分布的反应。

（2）流化床反应器的发展趋势

①流态化工程的发展。随着流态化技术在工业应用方面的拓宽，可供流化床反应器使用的颗粒尺寸小至微米，大到几十毫米，如何使颗粒分布范围很宽的流化床反应器能正常操作，有待进一步开发。如何减小颗粒之间分子作用力的影响，使一个超细颗粒层处于良好的流化状态，是一个值得研究的课题。

②防爆安全方面的前景。国内能开发防爆安全型流化床设备的厂商极少。随着国内良好生产规范（GMP）管理体系的深入实施和新型剂型工艺出现，流化床设备在更多易燃易爆物料的应用中将变得愈发重要。这不仅关乎设备本身处理物料的防爆安全性，还涉及静电防控和粉尘爆炸的防范问题。因此，防爆安全型流化床设备的开发具有很大的市场潜力。

③流化床反应器在药企的合作开发的前景。任何设备的研发都依赖于工艺小试的技术基础，而新设备的发展将带动新剂型和新工艺的变革。目前，新剂型开发是发展中国家制药工业所普遍采用的途径之一，其中缓控释微丸的开发及工业化应用，需要制药厂与药剂企业紧密合作，实现两者的有机结合、工艺与设备的互补以及技术的共享，这样才具有良好的发展前景。

④快速流态化。快速流态化与传统流态化操作相比，没有气泡存在，提高了两相接触效

率；停留时间分布窄，适合快速加工工艺；瞬间可将冷物料加热到床层温度，有利于化学反应的控制。

二、流化床反应器的结构

流化床反应器一般由反应器主体、气体分布装置、内部构件、换热装置、气固分离装置等组成。根据工艺生产要求的不同，结构上会有很大差别，但无论什么形式，按其外形和作用可分为床底部、反应段和扩大段三部分，如图 5-1-3 所示。

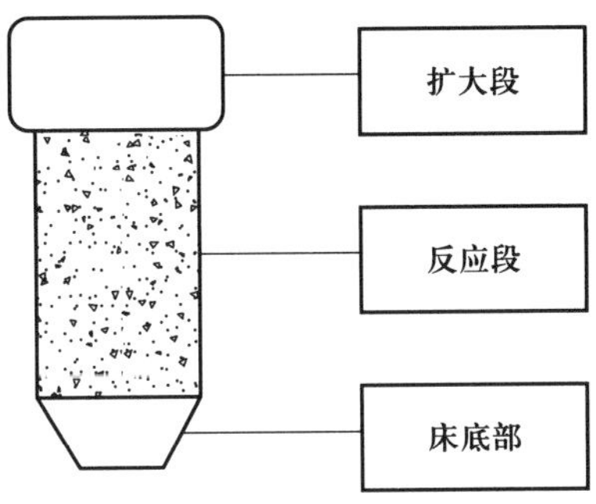

图 5-1-3　流化床反应器基本结构

1. 床底部

床底部在流化床反应器的最下段，有些床底部是锥形体，故又称锥底。床底部由原料气进料管、催化剂放净口、泄爆口和气体分布装置等组成。气体分布装置包括设置在锥底的气体预分布器和气体分布板两部分。常见的床底部结构如图 5-1-4 所示。

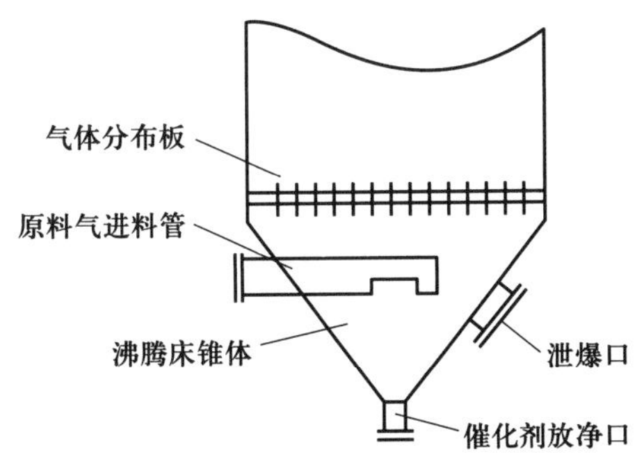

图 5-1-4　常见的床底部结构

流化床反应器启动前，先将锥底存留的催化剂由催化剂放净口放出，再将由一定厚度的铅、不锈钢或马口铁制成的防爆膜，通过法兰连接的方式装在泄爆口上。这是流化床反应器壳体中相对薄弱的环节，当发生爆炸或由于其他原因导致反应压力急剧升高时，防爆膜会首先破裂，释放气体，以保护流化床反应器本身免受破坏，防止发生更大的事故。

（1）气体预分布器

一般情况下气体进入流化床反应器锥底后先通过预分布器，然后进入分布板，目的是防止气流直接冲过分布板，影响均匀布气。常见气体预分布器的结构形式，如图 5-1-5 所示。

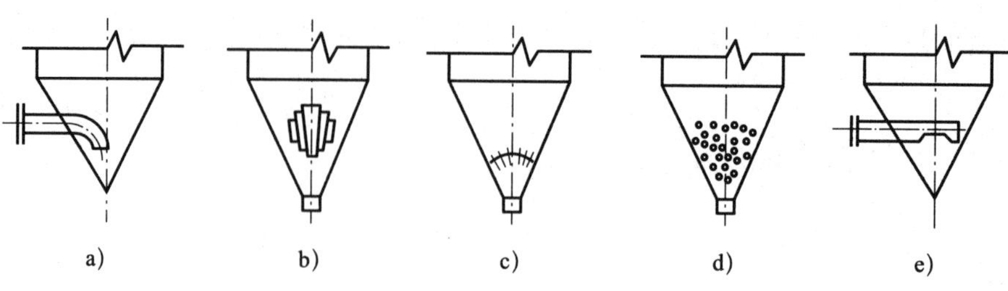

图 5-1-5　常见气体预分布器的结构形式

a）帽式　b）同心圆锥壳式　c）充填式　d）开口式　e）弯管式

（2）气体分布板

①气体分布板在使用过程中有如下作用：a. 支撑床层上的催化剂或其他固体颗粒；b. 使气体分布均匀，创造良好的起始流化条件；c. 对气体进行导向，抑制气固系统恶性的聚式流态化，保证床层稳定；d. 强化传质、传热。

②气体分布板的基本要求。气体分布板是保证流化床反应器具有良好且稳定流态化的重要构件，它要满足下列基本要求：a. 均匀布气的同时压降要小，这可以通过正确选取分布板的开孔率或选取合适的预分布手段来达到；b. 使流化床反应器有良好的起始流化状态，避免形成沟流、死区等异常现象，这可以从结构和操作参数上予以保证；c. 操作过程中不易被堵塞和磨蚀；d. 高温反应时，还应注意分布板的材质和结构的选择，避免高温变形，影响气流分布。

③气体分布板的基本构造。分布板对整个流化床反应器的直接作用范围仅 0.2～0.3 m，但是它却决定整个床层的流态化状态。工业生产用的气体分布板的种类较多，主要有密孔型分布板、直孔型分布板、填充式分布板、侧流式分布板、短管式分布板和多管式气流分布器。

a. 密孔型分布板，又称烧结板，通常采用粉末冶金压制和微孔陶瓷烧制而成，是流态化质量最好的一种分布板。该分布板产生的气体分布均匀，气泡粒径小，流化质量高，一般用于实验研究和小型流化床反应器中。缺点是少量固体颗粒就会堵塞分布板微孔，造成分布板压降增加，从而增加能耗，且造价较高，所以在工业中较少使用。

b. 直孔型分布板包括直孔式分布板、凹形分布板和直孔泡帽分布板，如图 5-1-6 所示。这种分布板结构简单、易于设计制造。但由于气流正对床层，易产生沟流和布气不均的现象，流化质量较差。此外，直孔易被固体颗粒堵塞，停车时又容易发生漏料，一般在单层流化床和多层流化床的第一层不采用这种型式。新型流化催化裂化反应器因为催化剂颗粒与气流同时通过分布板，故采用凹形筛孔板。

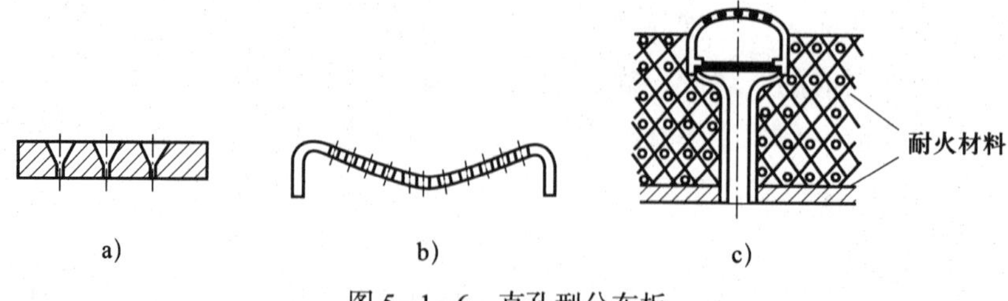

图 5-1-6　直孔型分布板

a）直孔式分布板　b）凹形分布板　c）直孔泡帽分布板

c. 填充式分布板是先在多孔板（或栅板）和金属丝网上间隔地铺上卵石、石英砂，再用金属网压紧，如图 5-1-7 所示。其结构简单，制造容易，并能达到均匀布气的要求，流态化质量较好。但在操作过程中，固体颗粒一旦进入填充层就很难被吹出，容易产生烧结，另外长期使用后，填充层常松动，造成移位，降低了布气的均匀程度。

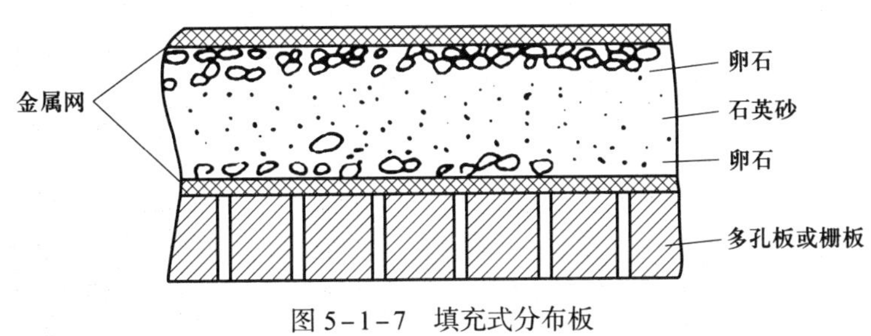

图 5-1-7　填充式分布板

d. 侧流式分布板。这种分布板有多种形式，有条形侧缝分布板、锥形侧缝分布板、锥形侧孔分布板、泡帽侧缝分布板、泡帽侧孔分布板等，如图 5-1-8 所示。其中，锥形侧缝分布板是目前公认较好的一种，现已被流化床反应器广泛采用。其优点是气流先经过中心管，然后从锥形风帽底边侧缝逸出，减少了孔眼堵塞和漏料，加强了料面的搅拌，气体贴着分布板吹出，不致使板面温度过高，以免发生烧结和分布板磨蚀现象，避免了直孔型分布板的缺点，锥形风帽顶部的倾斜角度大于颗粒的堆积角，不致使锥形风帽顶部形成死角，因此应用更广。

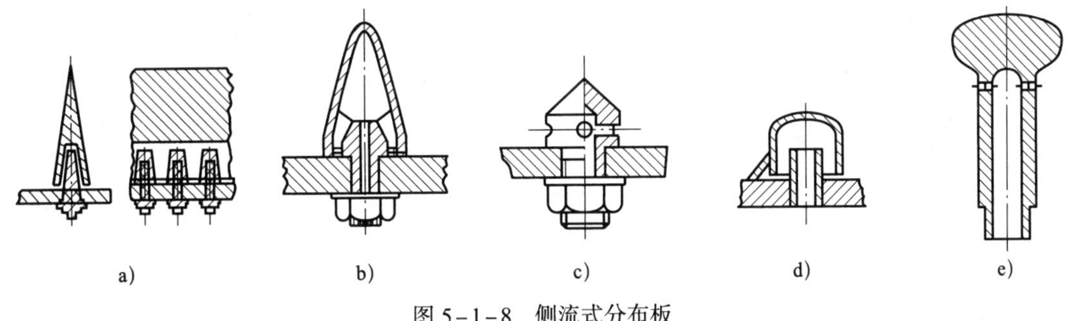

图 5-1-8　侧流式分布板

a）条形侧缝分布板　b）锥形侧缝分布板　c）锥形侧孔分布板　d）泡帽侧缝分布板　e）泡帽侧孔分布板

e. 短管式分布板是在整个分布板上均匀设置了若干根短管，每根短管下部有一个气体流入的小孔，如图 5-1-9 所示。孔径为 9～10 mm，为管径的 1/4～1/3，开孔率约为 0.2%，短管长度为 200 mm，短管及其下部的小孔可以防止气体涡流，有利于均匀布气，使流化床反应器操作稳定。

f. 多管式气流分布器是近年来发展起来的一种新型分布器，由一个主管和若干带喷射管的支管组成，由于气体向下射出，可消除床层死区，也不存在固体泄漏问题，并且可以根据工艺要求设计成均匀布气或非均匀布气的结构，如图 5-1-10 所示。

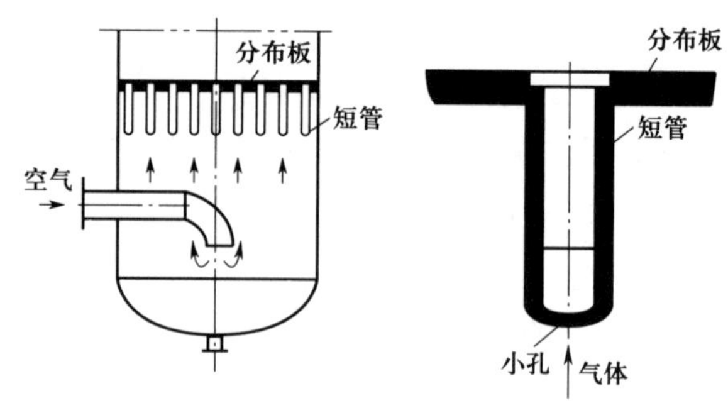

图 5-1-9　短管式分布板

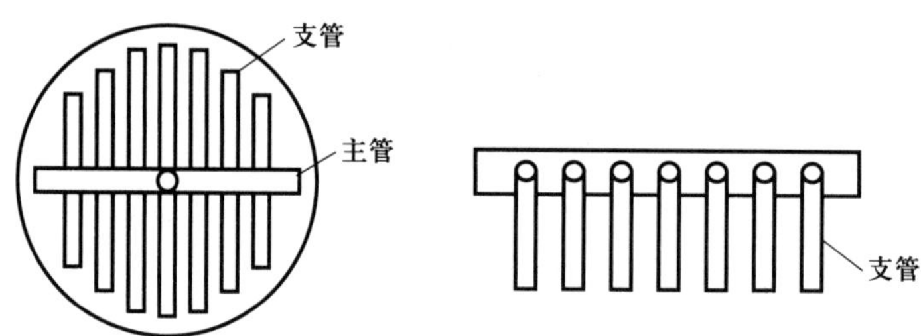

图 5-1-10　多管式气流分布器

2. 反应段

反应段是指流化床反应器中气体分布板以上较长的圆筒体部分，它的作用是为化学反应提供足够的反应空间。在反应段中，固体颗粒因受气体的吹动而流化，发生膨胀现象。

在反应过程中，固体颗粒容易出现沟流、腾涌和大气泡等异常现象，为防止这些现象的出现，在反应段装有一定数目的内部构件，如筛网、多孔格子板、百叶窗式的导向挡板等。生产实践证明，装设内部构件后，改善了流化质量，提高了气固相接触效率，从而提高了产品的收率。图 5-1-11 分别为单旋挡板和多旋挡板的结构示意图。

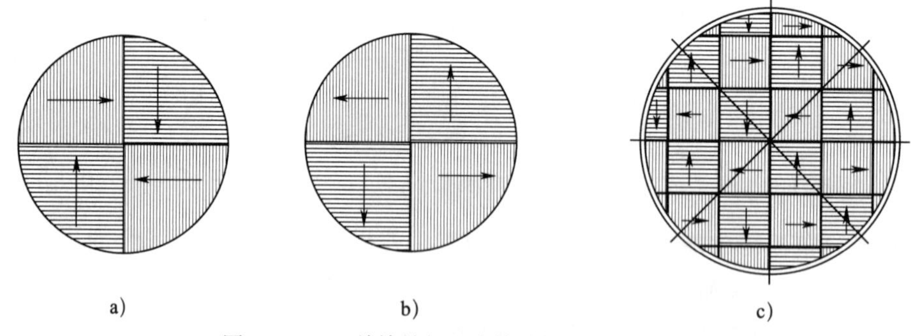

图 5-1-11　单旋挡板和多旋挡板的结构示意图

a）内旋挡板　b）外旋挡板　c）多旋挡板

为排出反应放出的热量，在反应段设置有换热器。常见流化床反应器内换热器的结构有单管式换热器、套管式换热器、鼠笼式换热器、直列管束式换热器等，如图 5-1-12 所示。

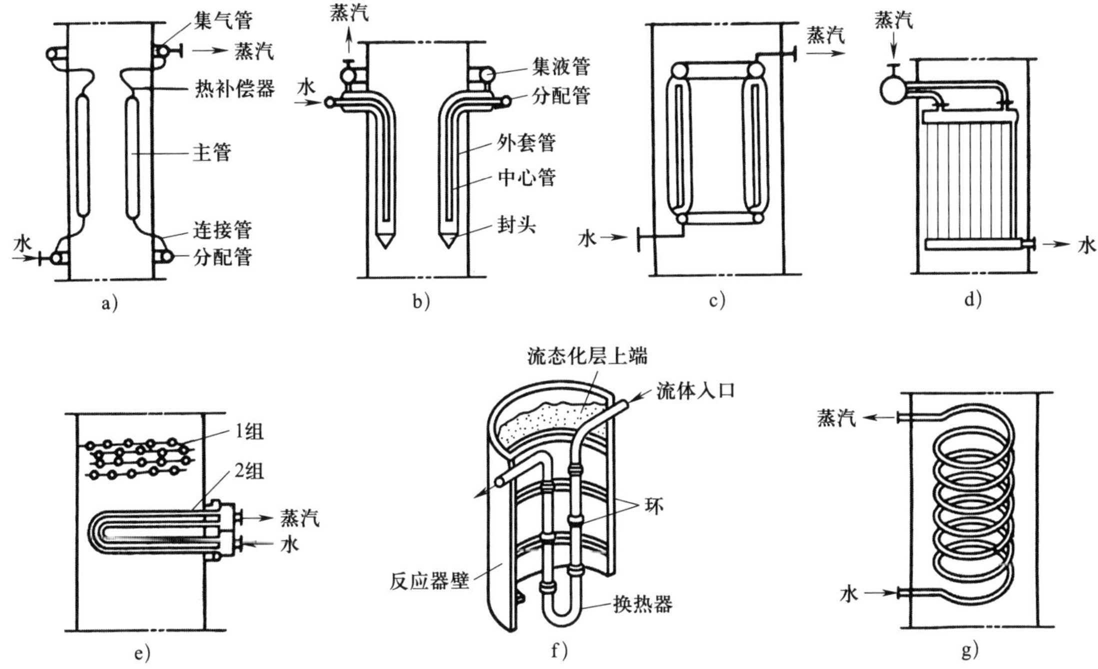

图 5－1－12　常见流化床反应器内换热器

a）单管式换热器　b）套管式换热器　c）鼠笼式换热器　d）直列管束式换热器
e）横列管束式换热器　f）U 形管式换热器　g）蛇管式换热器

3. 扩大段

扩大段是流化床反应器上部比反应段直径稍大的部分，它的作用是回收固体颗粒。

在生产过程中，因反应段的空塔线速较高，气体离开反应段时会带出一部分固体颗粒，为了回收这部分固体颗粒，使其返回床层，因此设计扩大段的直径大于反应段，使气体流速减慢，固体颗粒自由降落回反应段。

对分离要求较高时，可以在扩大段中安装串联成二级或三级的旋风分离器。旋风分离器是一种靠离心作用把固体颗粒和气体分开的装置，其结构如图 5－1－13 所示。含有催化剂颗粒的气体由进气管沿切线方向进入旋风分离器内，在旋风分离器内做回旋运动而产生离心力。催化剂颗粒在离心力的作用下被抛向器壁，与器壁相撞后，借重力沉降到锥底，而气体则由上部排气管排出，为了加强分离效果，可以把旋风分离器串联起来，使催化剂按大小不同颗粒，先后沉降至各级分离器锥底。

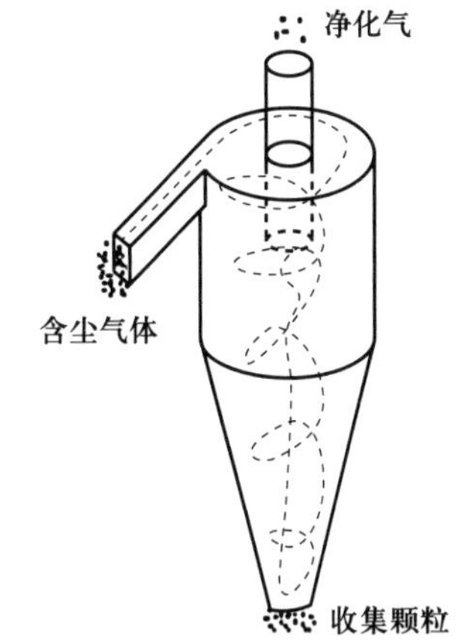

图 5－1－13　旋风分离器结构

旋风分离器分离出来的固体颗粒靠自身重力通过料腿或下降管回到床层。有时料腿的出料口因为进气而造成短路，使旋风分离器失去分离作用，因此需要在料腿中加密封装置，防止气体进入。密封装置有很多，常见密封装置示意图如图 5－1－14 所示。

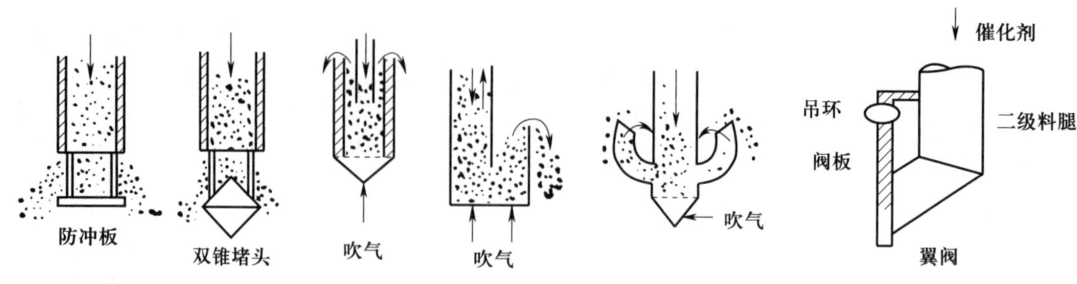

图 5－1－14　常见密封装置示意图

双锥堵头是靠固体颗粒本身的堆积防止气体窜入，当堆积到一定高度时，固体颗粒就能沿堵头斜面流出。第一级料腿用双锥堵头密封。第二级和第三级料腿出口常用翼阀密封，翼阀内装有活动挡板，当料腿中积存的固体颗粒的重力超过翼阀对出料口的压力时，此活动板便打开，固体颗粒自动下落，料腿中的固体颗粒下落后，活动挡板又恢复原样，密封了料腿的出口。翼阀的动作在正常情况下是周期性的，时断时续，故又称断续阀。有的也采用在密封头部送入外加的气流，有时甚至在料腿上、中、下处都装有吹气管和测压口，以掌握料面位置和保证细料畅通。料腿密封装置是生产中的关键，要经常检修，保持灵活好用。

三、流化床反应器的工作原理

1. 固体流态化现象

固体颗粒悬浮于流动的流体中，从而使颗粒具有类似于流体的某些宏观特性，这种流固接触状态称为固体流态化。

当流体自下而上通过固体颗粒床层时，随着流体的表观流速变化，床层会出现不同的现象。当流体流速很低时，固体颗粒位置不变，颗粒静止不动，流体从颗粒间的缝隙通过，此时属于固定床，床层高度不变，如图 5－1－15a 所示。继续增大流体流速，当流体通过固体颗粒产生的摩擦力与固体颗粒浮力之和等于颗粒自身重力时，颗粒位置开始变化，床层略有膨胀，但颗粒还不能自由运动，此时称为初始或临界流化床，如图 5－1－15b 所示。当流体流速大于初始流化的流速时，颗粒全部悬浮在向上流动的流体中，即进入流化状态，此时属于流化床，床层急剧膨胀，但有明显的上界面，流化床中的颗粒具有类似于流体的某些宏观特征，如图 5－1－15c 所示。当气流速度升高到某一极限值时，流化床上界面消失，颗粒分散悬浮在气流中，被气流带走，这种状态称为气流输送床或稀相输送床，如图 5－1－15d 所示。

2. 流化床反应器的压降与流速

当气体通过固体颗粒床层时，随着气速的改变，分别经历固定床、流化床和气流输送床三个阶段。这三个阶段具有不同的规律，如图 5－1－16 所示。

固定床阶段的固体颗粒位置不变，气体从颗粒间的缝隙流过，压降与流速成正比，通过床层的摩擦阻力随着流体流速增加而增大，即压降 ΔP 随着流速 u 的增加而增大，如图 5－1－16 中的 AB 段。

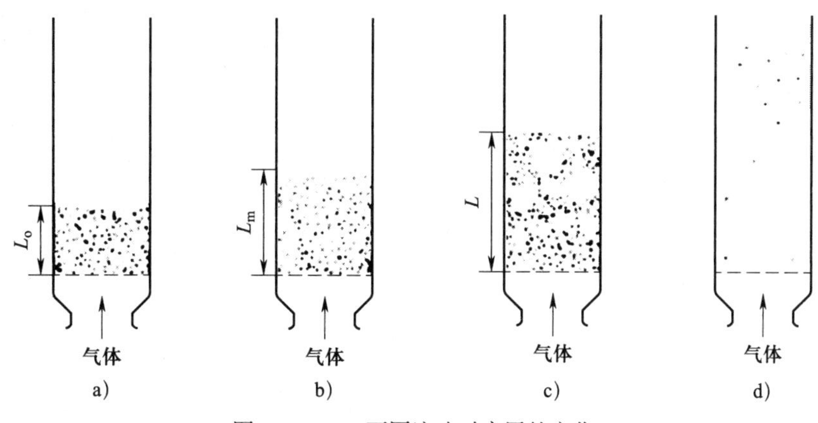

图 5－1－15　不同流速时床层的变化

a）固定床　b）初始或临界流化床　c）流化床　d）气流输送床

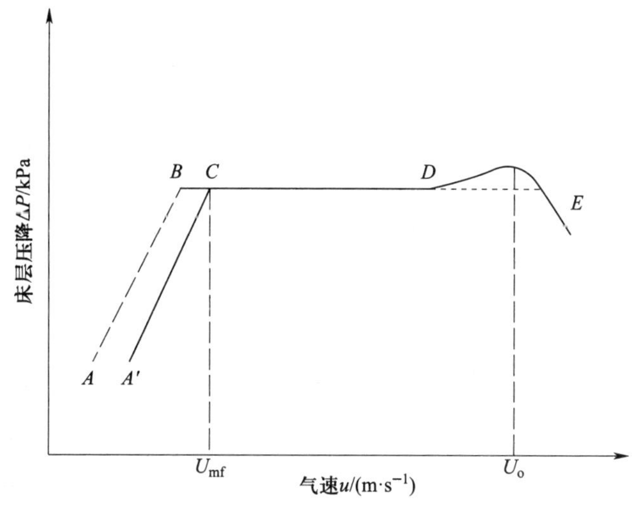

图 5－1－16　流化床反应器压降与流速关系

流化床阶段的固体颗粒随气体流动而悬浮运动，随着气速的增加，床层高度逐渐增加，但床层压降基本保持不变，等于单位面积的床层净重，如图 5－1－16 中的 *CD* 段。在流化状态下降低气速，压降与气速的关系将沿途中的 *DC* 线返回 *C* 点。若继续降低气速，压降会沿 *CA′* 变化，这是因为床层经过流化后重新落下，颗粒间的空隙比原来大，压降会减小。*C* 点处的流速被称为起始流化速度 U_{mf}。在生产操作过程中，流化气速介于起始流化速度与带出速度之间，此时床层压将保持恒定，这是流化床的重要特点。据此，可以通过测定床层压降来判断床层流化的优劣。

在气流输送床阶段，当气速达到某一值后，固体颗粒将被气体带出，床层内的颗粒逐渐减少，床层压降将降低，此处的流速称为带出速度 U_0。

3. 流化床反应器中的传质

（1）流化床反应器中的气泡及其周围气体与颗粒运动情况（见图 5－1－17）

气体经分布板小孔喷出后分裂成气泡进入床层，一部分与固体颗粒混合构成乳化相，

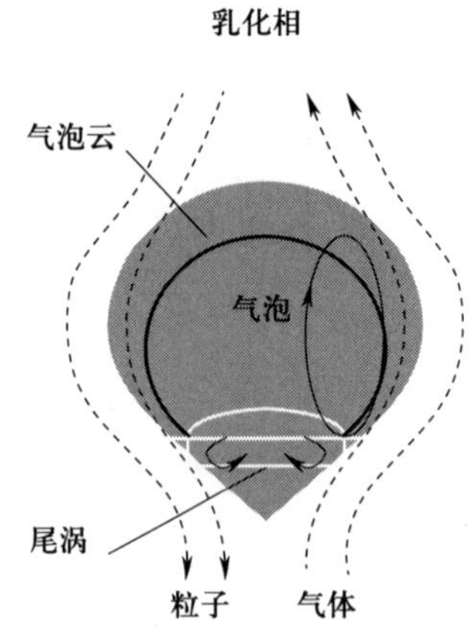

图 5-1-17　流化床反应器中的气泡及其周围气体与颗粒运动情况

另一部分不与固体颗粒混合而以气泡状态在床层中上升，这部分气体构成气泡相。气泡在上升过程中，因聚并和膨胀而增大，同时不断与乳化相间进行质量交换，气泡将反应的气体传递到乳化相中，使其与固体颗粒进行反应，乳化相又将反应生成的产物传到气泡相中。

研究发现，实际的单个气泡顶部呈球形，底部由于压力较周围低而略为内凹。随着气泡的上升，气泡底部将部分颗粒吸入，形成局部涡流，这一区域称为尾涡，其体积约为气泡体积的 1/3。气泡上升过程中，一部分颗粒不断离开这一区域，另一部分颗粒又补充进来，这样就把床层下部的粒子夹带上去而促进了全床颗粒的循环与混合。

当气泡较小，其上升速度低于乳化相中的气速时，气体从气泡壁的下侧穿入，并从上侧穿出，此时不形成气泡云；但当气泡增大到其上升速度超过乳化相中的气速时，气体虽然同样从泡壁下侧穿入并从上侧穿出，但随后会沿气泡周围回流至气泡底部，形成一层随气泡一起运动的气泡云。

气泡云与尾涡都在气泡之外且随气泡一起上升，其中所含颗粒浓度与乳化相中几乎都是相同的。

（2）流化床反应器中的流体传质

乳化相中的气体与颗粒接触良好，而气泡中的气体与颗粒接触较差，原因是气泡中几乎不含颗粒，气泡中的气体与颗粒接触的主要区域集中在气泡与气泡云的相界面和尾涡处。由于流化床反应器中的反应实际上是在乳化相中进行的，所以气泡与乳化相间的气体交换作用非常重要。相间传质速率与表面反应速率的快慢，与选择合理的床型和操作参数都直接有关。从气泡经气泡云到乳化相的传递是一个串联过程，串联过程包括气泡与气泡云之间的交换、气泡云与乳化相之间的交换以及气泡与乳化相之间的总的交换。

4. 流化床反应器中的传热

研究流化床反应器中的传热主要是为了确定维持流化床反应器温度所必需的传热面积，流化床反应器中的传热包括以下几种。

（1）床层内固体颗粒之间的传热

因为颗粒湍流剧烈，导热能力很高，所以传热阻力可忽略，一般在确定传热面积的计算中忽略不计。

（2）颗粒与流体间的传热

颗粒与流体间的传热主要以对流方式进行，热阻存在于颗粒外的气膜中。实验证明，距分布板 25 mm 以外的区域，由于两相高速传热，床层温度分布均匀，可视为无温差。

（3）床层与器壁或换热器表面的传热

其传热速率较前两种慢得多，为整个传热过程的控制步骤，是流化床反应器传热研究的主要课题。

人们根据许多研究结果，总结出了各种参数对流化床反应器与外壁的传热系数 a_w 的影响规律，颗粒的热导率及床层高度对 a_w 几乎没有影响；颗粒的比热容增大，a_w 也增大；颗粒粒径增大，a_w 减小；床层直径的影响较难判定；床内管子的管径小时 a_w 大；管子的位置对 a_w 的影响不太大，主要应根据工艺上的要求而定，但如管束排列过密，则 a_w 减小；对水平管束来说，错列的影响更大些；横向挡板使可能达到的 a_w 的最大值降低；分布板的开孔情况影响气泡的数量和尺寸，在气速小于最优值时，增加孔数和孔径将使与外壁面的 a_w 减小；流体的热导率是最主要的影响因素。

流化床反应器与换热器表面间的传热是一个复杂过程，传热系数的关联式与流体和颗粒的性质、流动条件、床层与换热面的几何形状等因素有关。

思考与练习

一、单选题

1. 对于气固系统，固体流态化以哪种形式出现（　　）。

A. 聚式　　B. 散式　　C. 沸腾　　D. 静止

2. 流化床反应器主要由五个部分构成，即反应器主体、气体分布装置、换热装置、气体分离装置和（　　）。

A. 搅拌器　　B. 内部构件　　C. 导流筒　　D. 密封装置

3. 流化床反应器结构组成中，起到回收固体颗粒作用的是（　　）。

A. 塔底气体分布器　　B. 换热管

C. 旋风分离器　　D. 壳体

4. 流化床反应器主要的适用于（　　）反应。

A. 气固相　　B. 固固相　　C. 液液相　　D. 气液相

5. 在（　　）床层中，增大气速，穿过床层的压降是不变的。

A. 固定床　　B. 输送床　　C. 流化床　　D. 不确定床

二、判断题

1. 流化床反应器中，由于床层内流体和固体剧烈搅动混合，使床层温度分布均匀，避免了局部过热现象。(　　)

2. 流化床反应器比固定床反应器更适合使用粒径较大的颗粒催化剂。(　　)

3. 料腿密封的作用是为了防止气体进入导致旋风分离器失去分离作用。(　　)

4. 填充式分布板是流态化质量最好的一种分布板。(　　)

5. 操作中可以通过测定床层压降来判断床层流化的优劣。(　　)

三、填空题

1. 流化床反应器常用的内部构件有__________、__________、__________等。

2. 内部构件可以防止__________、__________、__________等异常现象的发生。

3. 固体流态化现象中，随着气速的改变，分别经历__________、__________、__________、__________阶段。

4. 流化床反应器中的流体传质主要发生在__________、__________、__________区域。

5. 流化床反应器中的传热包括__________、__________、__________。

四、简答题

1. 简述流化床反应器的优点。

2. 简述流化床反应器的缺点。

3. 简述旋风分离器的作用原理。

4. 气体分布板的基本要求有哪些?

任务二　流化床反应器的操作

学习目标

1. 能描述流化床反应器的实训装置流程（包括主要动设备、静设备、阀门、仪表）

2. 掌握流化床反应器常用的催化剂

3. 能进行流化床反应器的开车操作

4. 能进行流化床反应器的停车操作

5. 能维持流化床反应器的正常生产

6. 能判断流化床反应器常见的异常现象及处理方法

任务引入

你是某高分子化工企业的操作员，进行了相关的三级安全培训后，被分配到某聚丙烯生产企业的共聚岗位，某天你接到班组长下发的任务，需要用流化床反应器合成高抗冲击共聚物。在生产高抗冲击共聚物之前，你需要先学习高抗冲击共聚物生产工艺流程、流化床反应器的操作（冷态开车、正常停车、正常工况维持），为生产奠定基础。

相关知识

一、工艺流程简述

本任务流化床反应器取材于 HIMONT（西蒙特）工艺本体聚合装置，用于生产高抗冲击共聚物。

1. 反应机理

乙烯、丙烯以及反应混合气在一定的温度（70 ℃）、一定的压力（1.35 MPa）下，通过具有剩余活性的干均聚物（聚丙烯）的引发，在流化床反应器里进行反应，同时加入氢气用来改善共聚物的本征黏度，生成高抗冲击共聚物。

主要原料：乙烯、丙烯、具有剩余活性的干均聚物（聚丙烯）、氢气。

主产物：高抗冲击共聚物（具有乙烯和丙烯单体的共聚物，无副产物）。

反应方程式：$n\,C_2H_4 + n\,C_3H_6 \longrightarrow [\,C_2H_4\text{—}C_3H_6\,]_n$。

2. 工艺流程

流化床反应器实训装置分散控制系统图和现场图分别如图 5-2-1 和图 5-2-2 所示。具有剩余活性的干均聚物（聚丙烯），在压差作用下自闪蒸罐 D301 流到气相共聚反应器 R401 中。在气体分析仪的控制下，氢气被加到乙烯进料管道中，以改进聚合物的本征黏度，满足加工需要。聚合物从顶部进入共聚反应器，落在流化床的床层上。流化气体（反应单体）通过一个特殊设计的栅板进入共聚反应器。由共聚反应器底部出口管路上的液位控制器 LC401 来维持聚合物的料位。聚合物料位决定了停留时间，从而决定了聚合反应的程度，为了避免过度聚合的鳞片状产物堆积在共聚反应器壁上，共聚反应器内配置一转速较慢的刮刀 A401，以使共聚反应器壁保持干净。栅板下部夹带的聚合物细末，用一台小型旋风分离器 S401 除去，并送到下游的袋式过滤器 F301 中。所有未反应的单体循环返回到循环压缩机 C401 的吸入口。来自乙烯汽提塔 T402 顶部的回收气相与共聚反应器出口的循环单体汇合，而补充的氢气、乙烯和丙烯加到压缩机排出口。循环气体先用工业色谱仪进行分析，调节氢气和丙烯的补充量，然后调节补充的丙烯进料量以保证反应器的进料气体满足工艺要求的组成。用脱盐水作为冷却介质，用一台立式列管式气体冷却器 E401 将聚合反应热移除。该气体冷却器位于循环压缩机之前。共聚物的反应压力为 1.4 MPa（表），温度为 70 ℃，需要注意的是，该系统压力位于闪蒸罐压力和袋式过滤器压力之间，从而在整个聚合物管路中形成一定压力梯度，以避免容器间物料的返混并使聚合物向前流动。流化床反应器实训装置方框图如图 5-2-3 所示。

去现场

组分分析

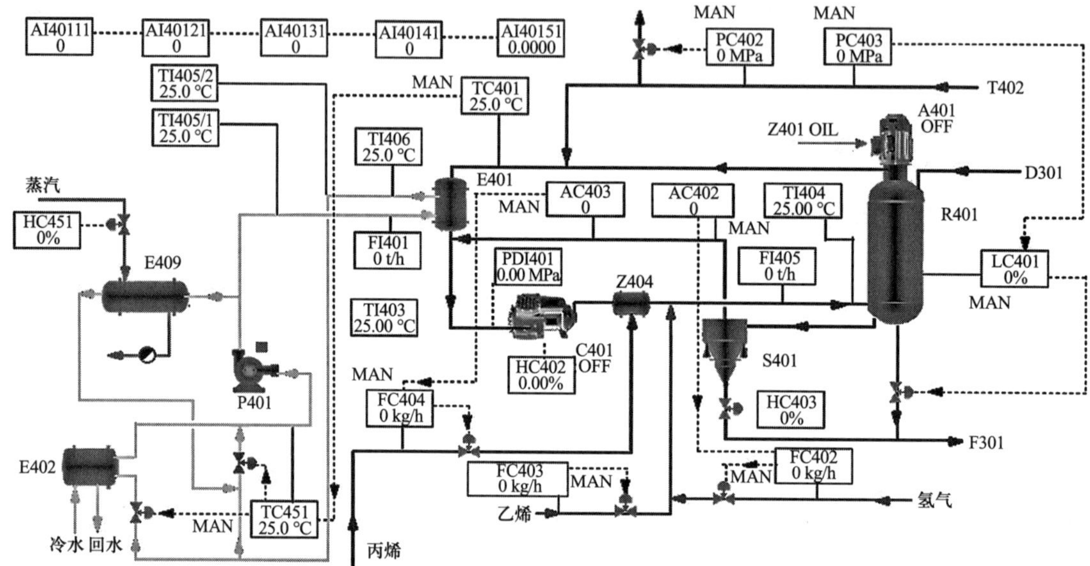

图 5-2-1　流化床反应器实训装置分散控制系统图

到DCS图

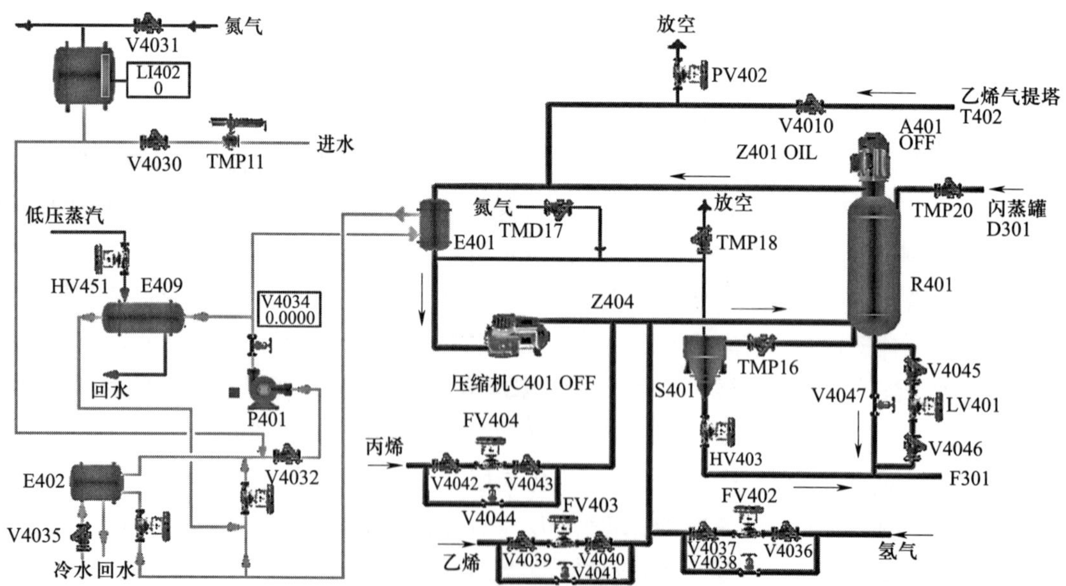

图 5-2-2　流化床反应器实训装置现场图

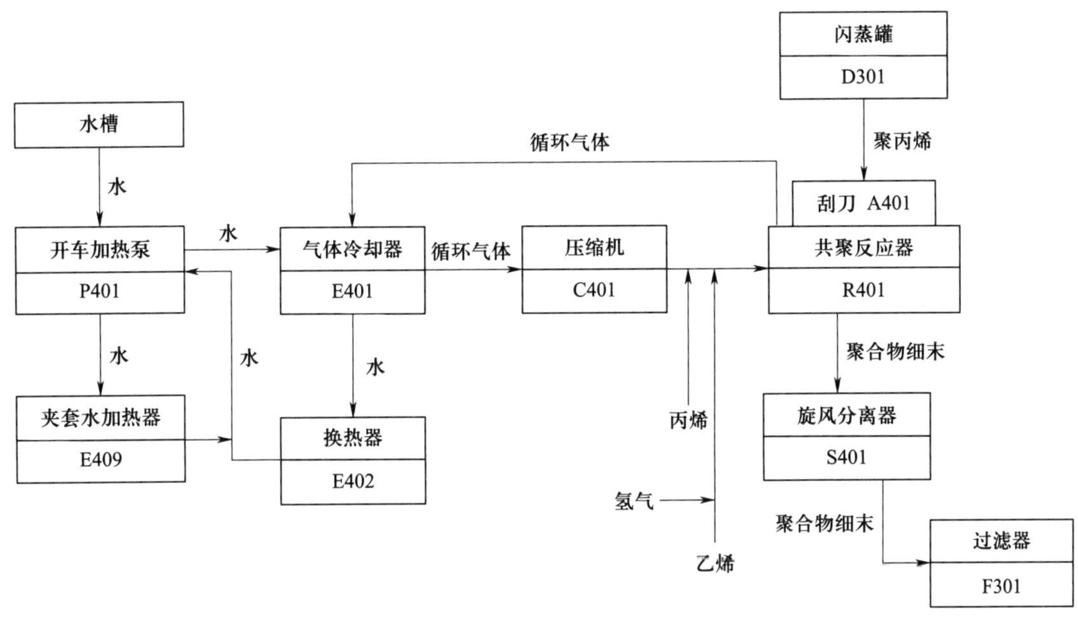

图 5-2-3　流化床反应器实训装置方框图

3. 流化床反应器的实训装置的动设备、静设备、阀门、仪表

（1）流化床反应器的主要设备（见表 5-2-1）

表 5-2-1　　流化床反应器的主要设备

设备代号	设备名称
A401	刮刀
C401	压缩机
E401	气体冷却器
E409	夹套水加热器
P401	开车加热泵
R401	共聚反应器
S401	旋风分离器

（2）流化床反应器实训装置 DCS 图阀门（见表 5-2-2）

表 5-2-2　　流化床反应器实训装置 DCS 图阀门

阀门	作用
FC402	调节氢气进料量
FC403	单回路调节乙烯进料量
FC404	调节丙烯进料量
PC402	单回路调节系统压力

续表

阀门	作用
PC403	主回路调节系统压力
LC401	调节共聚反应器料位
TC401	主回路调节循环气体温度
TC451	分程调节取走反应热量
AC402	主回路调节反应产物中 H_2/C_2 之比
AC403	主回路调节反应产物中 $C_2/C_3\&C_2$ 之比

（3）流化床反应器的主要仪表（见表 5-2-3）

表 5-2-3　　流化床反应器的主要仪表

位号	说明	类型	正常值	量程高限	量程低限	工程单位
FC402	氢气进料流量控制	PID	0.35	5.0	0	kg/h
FC403	乙烯进料流量控制	PID	567.0	1 000.0	0	kg/h
FC404	丙烯进料流量控制	PID	400.0	1 000.0	0	kg/h
PC402	单回路控制系统压力	PID	1.40	3.0	0	MPa
PC403	主回路控制系统压力	PID	1.35	3.0	0	MPa
LC401	R401 料位控制	PID	60.0	100.0	0	%
TC401	循环气温度控制	PID	70.0	150.0	0	℃
FI401	E401 循环水流量显示	AI	36.0	80.0	0	t/h
FI405	R401 气相进料流量显示	AI	120.0	250.0	0	t/h
TI403	E401 出口温度显示	AI	65.0	150.0	0	℃
TI404	R401 入口温度显示	AI	75.0	150.0	0	℃
TI405/1	E401 入口水温度显示	AI	60.0	150.0	0	℃
TI405/2	E401 出口水温度显示	AI	70.0	150.0	0	℃
TI406	E401 出口水温度显示	AI	70.0	150.0	0	℃

二、流化床反应器常见的催化剂

1. 流化床反应器所用催化剂的特点

（1）流化床反应器中，催化剂固体颗粒在悬浮状态下与流体接触，为了避免流体阻力增大，可以使用小颗粒催化剂。

（2）催化剂颗粒间相互剧烈碰撞，易造成催化剂的破碎和损失，增加除尘困难，因此须使用耐磨损催化剂。

（3）由于流化床反应器内的固体颗粒群有类似流体的性质，可以大量从装置中移出、引入，并可以在两个流化床反应器之间大量循环，适合易失活催化剂的使用。

2. 催化剂的使用性能

（1）活性好

催化剂的用量少，却能转化量大的物料。但对强放热反应，若传热条件差，催化剂活性过高易造成“飞温”。

（2）选择性高

提高产率，降低分离负荷。

（3）寿命长

催化剂更换时一般需要停产操作，更换过程操作较复杂，需要时间较长，因此尽量选择使用寿命长的催化剂。

（4）稳定性好

包括化学稳定性、热稳定性、机械稳定性。

（5）抗毒能力强

催化剂在使用过程中常会受到原料或反应产生的杂质毒害而引起催化剂性能的下降，这就要求催化剂对毒物具有较强的抵抗能力。

（6）易再生

可用较为简便的方法在流化床反应器内或器外进行再生，恢复催化剂的活性。

3. 催化剂的失活和再生

（1）催化剂的失活

催化剂在使用过程中其活性随着使用时间的增长而降低，催化剂的失活可以导致反应系统的不稳定操作，失活的原因是与多种因素有关，主要归纳为中毒、沉积沾污、烧结和热失活，如图 5-2-4 所示。

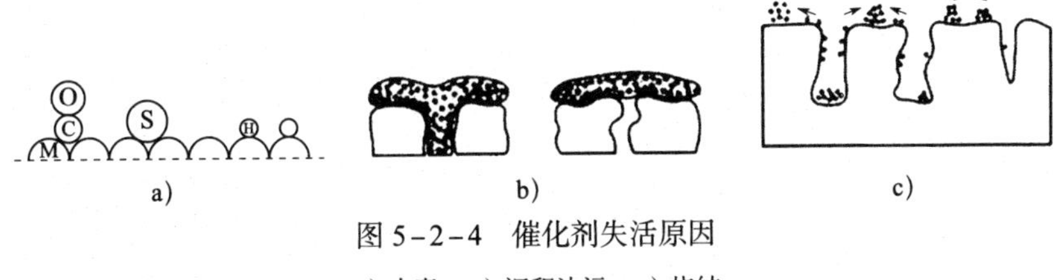

图 5-2-4　催化剂失活原因

a）中毒　b）沉积沾污　c）烧结

①中毒是指原料中极微量的杂质导致催化剂活性迅速下降的现象。

工业催化剂在使用时常会遇到活性突然下降的情况，这通常是由于催化剂已发生了中毒。

催化剂的中毒类型通常可分为暂时性中毒、永久性中毒、选择性中毒。

当毒物在催化剂的活性中心上吸附或化合时，如果生成的化学键强度相对较弱，可以通过脱附的方法将毒物除去，从而使催化剂的活性得以恢复，且不会影响催化剂的固有性质，这种中毒现象称为暂时性中毒或可逆中毒。

毒物与催化剂活性组分相互作用，形成很强的化学键，导致毒物很难除去，催化剂的活性难以恢复，这种中毒现象称为永久性中毒或不可逆中毒。

催化剂中毒后，可能会丧失对某一特定反应的催化能力，但仍然对其他反应保持催化活性，这种现象称为选择性中毒。在连串反应中，如果毒物仅选择性地使导致后继反应的活性位中毒，那么反应可以停留在中间阶段，从而获得高产率的中间产物。

②沉积沾污是指催化剂表面渐渐沉积铁锈、粉尘、水垢等非活性物质而导致活性下降的现象，化工生产中常见的有结焦和堵塞。

结焦是指在催化剂表面上形成含碳沉积物的现象。以有机物为原料，以固体为催化剂的多相催化反应过程几乎都可能发生结焦。由于含碳物质或其他物质在催化剂孔中沉积造成孔径减小（或孔口缩小），使反应物分子不能扩散进入孔中，这种现象称为堵塞。所以，常把堵塞归并为结焦中的总活性衰退，称为结焦失活，它是催化剂失活中最普遍和最常见的失活形式。通常含碳沉积物可与水蒸气或氢气作用经气化除去，所以结焦失活是个可逆过程。与催化剂中毒相比，引起催化剂结焦和堵塞的物质要比催化剂毒物多得多。

在结焦的实际研究中，人们发现催化剂在结焦初期会经历一个快速失活的过程，随后进入一个活性相对稳定的准平稳态。值得注意的是，结焦失活是可逆的。通过有效控制反应前期的结焦过程，可以显著改善催化剂的活性。

③催化剂的烧结和热失活是指由高温引起的催化剂结构和性能的变化。高温除了引起催化剂的烧结外，还会引起其他变化，主要包括化学组成和相组成的变化，如半熔、晶粒长大、活性组分被载体包埋、活性组分由于生成挥发性物质或可升华的物质而流失等。

烧结和热失活与多种因素有关，如与催化剂的预处理、还原和再生过程以及所加的促进剂和载体等有关。

催化剂失活的原因是错综复杂的，每一种催化剂失活并不仅仅按上述分类的某一种进行，而往往是由两种或两种以上的原因引起的。

（2）催化剂的再生

催化剂在使用过程中，由于中毒或致污等暂时性影响致使催化剂的活性下降时，可用适当的方法使催化剂恢复或接近原来的活性，称为催化剂的再生。工业上常用的再生方法主要有以下几种。

①催化剂在反应过程中再生。例如，顺丁烯二酸酐的生产过程中，因磷的氧化物的升华损失而造成催化剂性能下降，此时可通过在原料中添加少量的有机磷化物，以补充催化剂在使用过程中磷的损失。

②生产后停车再生。主要发生在催化剂使用过程中因结炭或吸附碳氢化合物而引起的催化剂活性下降，此时可以在原固定床反应器中通入蒸汽或空气将催化剂表面的结炭或碳氢化合物烧掉，使催化剂得以再生。如果是焦油状的碳氢化合物，可以通入氢气或其他还原性气体使催化剂得以再生。

③在催化剂再生条件下再生。通常催化剂再生的条件与反应条件有较大差异，这样往往对能量或设备材料消耗比较多，为此可以在流化床反应器外选择便于催化剂再生的条件进行操作，使催化剂得以再生。

三、流化床反应器的操作

1. 流化床反应器的开车准备

准备工作包括系统中先用氮气充压，循环加热氮气，随后用乙烯对系统进行置换（按照实际正常的操作，用乙烯置换系统要进行两次。考虑到时间关系只进行一次）。这一过程完成之后，系统将准备开始单体开车。

（1）系统氮气充压加热

①充氮。打开充氮阀 TMD17，用氮气给反应系统充压。

②当充压至反应器压力控制器 PC402 显示 0.1 MPa（表）时，按照操作规程，启动 C401，将导流叶片 HIC402 定在 40%。

③环管充液。启动循环压缩机后，打开进水阀 V4030，给水罐充液，打开氮封阀 V4031。

④当水罐液位大于 10% 时，打开开车加热泵 P401 入口阀 V4032，启动泵，调节泵出口阀 V4034 至 60% 开度。

⑤打开共聚反应器至旋风分离器阀门 TMP16。

⑥手动打开低压蒸汽阀 HC451，启动夹套水加热器 E－409，加热循环氮气。

⑦打开循环水阀 V4035。

⑧当循环氮气温度达到 70 ℃时，取走反应热温度控制器 TC451 投自动，调节其设定值，维持反应器循环温度控制器 TC401 在 70 ℃左右。

（2）氮气循环

①当 PC402 显示 0.7 MPa 时，关掉 TMP17。

②在不停循环压缩机的情况下，用 PIC402 和排放阀 TMP18 给反应系统泄压至 0.0 MPa（表）。

③在充氮泄压操作中，不断调节 TC451 设定值，维持 TC401 温度在 70 ℃左右。

（3）乙烯充压

①当 PC402 降至 0.0 MPa（表）时，关闭 PC402 和 TMP18。

②打开乙烯流量控制器 FC403，进料量设定在 567.0 kg/h 时投自动调节，使系统压力充至 0.25 MPa（表）。

2. 流化床反应器的干态开车操作

（1）反应进料

①当乙烯充压至 0.25 MPa（表）时，打开前后阀，启动氢气流量控制器 FC402，氢气进料设定在 0.102 kg/h，FC402 投自动控制。

②当系统压力升至 0.5 MPa（表）时，打开前后阀，启动丙烯流量控制器 FC404，丙烯进料设定在 400 kg/h，FC404 投自动控制。

③打开自乙烯汽提塔 T402 来的进料阀 V4010。

④当系统压力升至 0.8 MPa（表）时，打开 S401 底部阀 HC403 至 20% 开度，维持系统压力缓慢上升。

（2）准备接收 D301 来的均聚物

①再次加入丙烯，将 FC404 改为手动，调节丙烯流量阀 FV404 为 85%。

②当 AC402 和 AC403 平稳后，调节 HC403 开度至 25%。

③启动共聚反应器的刮刀，准备接收从闪蒸罐 D301 来的均聚物。

（3）共聚反应物的开车

①确认 TC451 维持在 70 ℃左右。

②当系统压力升至 1.2 MPa（表）时，开大 HC403 开度为 40%，打开共聚反应器液位控制阀 LV401 前后阀并调节 LV401 的开度在 20%～25%，以维持流态化。

③打开来自 D301 的均聚物进料阀 TMP20。

④关闭低压加热蒸汽阀 HV451 停低压加热蒸汽。

（4）稳定状态的过渡

①共聚反应器的液位。

a. 随着 R401 料位的增加，系统温度将升高，及时降低 TC451 的设定值，不断移走反应热，维持 TC401 温度在 70 ℃左右。

b. 调节反应系统压力在 1.35 MPa（表）时，PC402 自动控制。

c. 手动开启 LV401 至 30%，让共聚物稳定地流过此阀。

d. 当料位达到 60% 时，将 LC401 设置投自动。

e. 随系统压力的增加，料位将缓慢下降，PC402 调节阀自动开大，为了维持系统压力在 1.35 MPa，缓慢提高 PC402 的设定值至 1.40 MPa（表）。

f. 当 LC401 在 60% 投自动控制后，调节 TC451 的设定值，待 TC401 稳定在 70 ℃左右时，TC401 与 TC451 串级控制。

②反应器压力和气相组成控制。

a. 将反应器主回路压力控制器 PC403 投自动，设定值为 1.35 MPa，压力和组成趋于稳定时，将 LC401 和 PC403 投串级。

b. 将 AC403 投自动，FC404 和 AC403 串级联结。

c. 将 AC402 投自动，FC402 和 AC402 串级联结。

3. 流化床反应器的停车操作

（1）降共聚反应器料位

①关闭均聚物来料阀 TMP20。

②手动缓慢调节 LV401。

（2）关闭乙烯进料，保压

①当共聚反应器料位降至 10%，关闭 FC403 及前后阀。

②当共聚反应器料位降至 0%，关闭 LV401。

③关闭 S401 上的出口阀。

（3）关丙烯及氢气进料

①手动关闭 FC404 及前后阀。

②手动关闭 FC402 及前后阀。

③泄压排放压至火炬，压力为常压后关闭排放阀门。

④关闭 A401。

（4）氮气吹扫

①打开 TMP17，进行氮气吹扫。

②当压力达 0.35 MPa 时，停氮气，泄压至火炬。

③关闭循环压缩机 C401。

4. 流化床反应器正常工况的维持

正常工况下各工艺参数如下。

（1）FC402：调节氢气进料量（与 AC402 串级），正常值：0.35 kg/h。

（2）FC403：单回路调节乙烯进料量，正常值：567.0 kg/h。

（3）FC404：调节丙烯进料量（与 AC403 串级），正常值：400.0 kg/h。

（4）PC402：单回路调节系统压力，正常值：1.4 MPa。

（5）PC403：主回路调节系统压力，正常值：1.35 MPa。

（6）LC401：反应器料位（与 PC403 串级），正常值：60%。

（7）TC401：主回路调节循环气体温度，正常值：70 ℃。

（8）TC451：分程调节取走反应热量（与 TC401 串级），正常值：50 ℃。

（9）AC402：主回路调节反应产物中 H_2/C_2 之比，正常值：0.18。

（10）AC403：主回路调节反应产物中 $C_2/C_3\&C_2$ 之比，正常值：0.38。

5. 本体聚合流化床反应器常见异常现象与处理方法（见表 5-2-4）

表 5-2-4　　本体聚合流化床反应器常见异常现象与处理方法

序号	异常现象	产生原因	处理方法
1	温度调节计 TC451 急剧上升，然后 TC401 随之升高	运行泵 P401 停	①调节丙烯进料阀 FV404，增加丙烯进料量； ②调节压力调节器 PC402，维持系统压力； ③调节乙烯进料阀 FV403，维持 C_2/C_3 比
2	系统压力急剧上升	压缩机 C401 停	①关闭均聚物来料阀 TMP20； ②手动调节 PC402，维持系统压力； ③手动调节 LC401，维持反应器料位
3	丙烯进料量为 0.0 kg/h	丙烯进料阀卡	①手动关小乙烯进料量，维持 C_2/C_3 比； ②关闭均聚物来料阀 TMP20； ③手动关小 PV402，维持系统压力； ④手动关小 LC401，维持共聚反应器料位
4	乙烯进料量为 0.0 kg/h	乙烯进料阀卡	①手动关丙烯进料，维持 C_2/C_3 比； ②手动关小氢气进料，维持 H_2/C_2 比
5	D301 供料停止	D301 供料阀 TMP20 关	①手动关闭 LV401； ②手动关小丙烯和乙烯进料量； ③手动调节系统压力

四、流化床反应器异常现象及处理方法

流化床反应器在日常操作中要重点防止异常现象的发生，常见的异常现象有以下两种。

1. 流化床反应器中的沟流现象

流体通过固体颗粒床层时，由于流动不均匀，在床层内打开了一条阻力很小的通道，形成所谓的沟，流体以极短的停留时间通过床层的现象称为沟流，其特征是气体通过床层时易形成短路。

沟流包括两种情况，如果沟贯穿于整个床层，称为贯穿沟流；如果沟仅发生在局部，称为局部沟流，如图 5-2-5 所示。

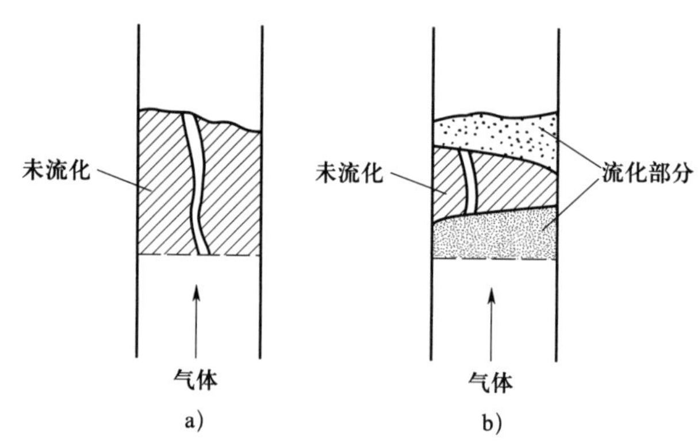

图 5-2-5　流化床中的沟流现象

a）贯穿沟流　b）局部沟流

气 - 固系统沟流现象发生时，大部分气体没有与固体颗粒很好接触就通过了床层，使部分床层产生死床，由于部分颗粒没有流化或流化不好，造成床层温度不均匀，从而引起催化剂的烧结，降低催化剂的寿命和效率。这种情况在催化反应时会引起反应的转化率降低。

沟流现象产生的原因主要与颗粒特性和气体分布板的结构有关。下列情况容易产生沟流：

（1）物料颗粒很细（粒径小于 40 μm）、密度大、潮湿、易于黏结；

（2）气速过低或气流分布不均匀；

（3）气体分布板设计不合理，如孔太少或各个风帽阻力大小差别较大。

要消除沟流应预先干燥物料并适当加大气速；在床层内增加内部构件，改善气体流动状态；合理设计分布板，还应注意风帽的制造、加工和安装，以免通过风帽的流体阻力相差过大而造成布气不均。

2. 流化床反应器中的大气泡和腾涌现象

流化床反应器中的气泡在上升过程中会不断合并和长大，一直到达床面发生破裂，这是正常现象。但是，如果床层中大气泡很多，由于大气泡易破裂，造成搅动，使气 - 固接触极不均匀，床层波动大，这就是不正常的大气泡现象。气泡可能增大到接近容器直径，使床层内物料呈活塞状向上运动，于是床层被分成一段或几段，当达到某一高度后气泡突然崩

裂，颗粒散落而下，这种现象称为腾涌。流化床反应器中的大气泡和腾涌现象如图 5-2-6 所示。

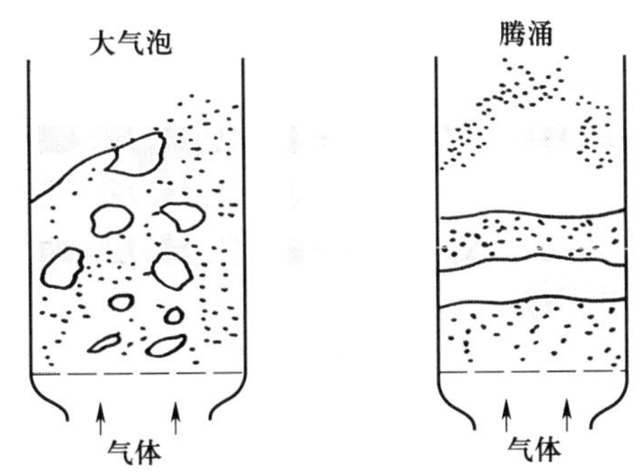

图 5-2-6　流化床反应器中的大气泡和腾涌现象

大气泡和腾涌现象使床层极不稳定，床层的均匀性被破坏，气 - 固接触不良，从而严重影响产品的收率和质量，增加固体颗粒的机械磨损和带出，降低催化剂的使用寿命，床内构件也易磨损。造成大气泡和腾涌现象的主要原因有：①流化床高径比较大；②颗粒粒度大；③床内气速较大。

消除大气泡和腾涌的方法有：在床内加设内部构件，防止大气泡的产生；在可能的情况下减小气速和床层的高径比。

思考与练习

一、单选题

1. 本装置气相共聚反应温度是（　　）℃。

A. 70　　B. 50　　C. 80　　D. 100

2. 本装置反应压力是（　　）MPa。

A. 1.4　　B. 5.0　　C. 6.0　　D. 7.4

3. 本装置反应器内粉料料面控制高度为（　　）。

A. 50%　　B. 60%　　C. 70%　　D. 80%

4. 反应器内配置刮刀的作用（　　）。

A. 去除反应器壁上的堆积物　　B. 切割反应物

C. 备用装置　　D. 没有用

5. 气体冷却器 E401 的作用是（　　）。

A. 开车时加热循环气体

B. 反应开始后，用脱盐水作为冷介质，冷却循环气体

C. 加热循环气体

D. 恒温作用

6.（　　）决定了流化停留时间。

A. 流化床中的聚合物料位　　B. 流化床中的压力

C. 流化床中的温度　　D. 流化床中的组分

7. 系统压力迅速上升，可能原因是（　　）。

A. 反应器漏气　　B. 氢气进料停止

C. 冷却出现问题　　D. 压缩机 C401 停

二、多选题

1. 本单元的主要物料有（　　）。

A. 乙烯　　B. 丙烯　　C. 聚丙烯　　D. 氢气

2. 催化剂失活的原因有（　　）。

A. 中毒　　B. 沉积沾污　　C. 烧结　　D. 热失活

3. 流化床的异常现象有（　　）。

A. 沟流现象　　B. 大气泡现象

C. 腾涌现象　　D. 沸腾现象

4. 催化剂中毒分为（　　）。

A. 暂时性中毒　　B. 永久性中毒

C. 选择性中毒　　D. 可逆性中毒

5. 沟流现象产生的原因有（　　）。

A. 气速过低　　B. 气体分布板孔太少

C. 物料干燥　　D. 物料颗粒太细

三、填空题

1. HIMONT（西蒙特）工艺本体聚合装置中加入氢气的目的是：______________。

2. 本体聚合流化床反应器中丙烯进料阀卡，可能产生的现象是______________。

3. 消除大气泡和腾涌的方法有____________、____________、____________。

4. PC402 是________设备的压力调节仪表，量程高限是________，量程低限是________。

5. 本单元流化床反应器的操作过程包括____________、____________、____________、____________、____________。

四、简答题

1. 简述流化床反应器停车步骤。

2. 简述本体聚合流化床反应器系统压力急剧上升的原因及处理方法。

五、根据所学内容，完成下面的方框图

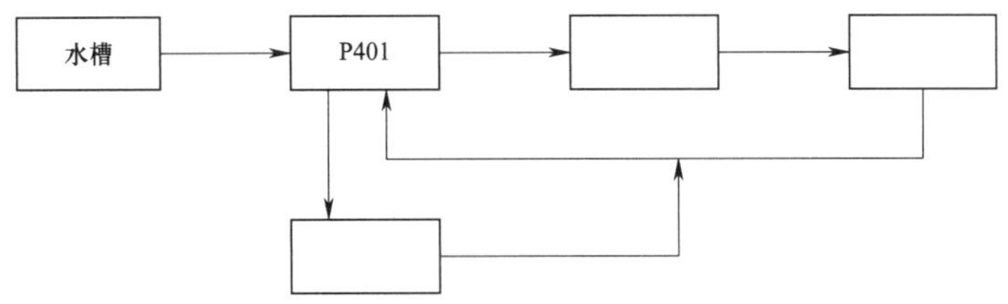

任务三　流化床反应器的故障处理及维护

学习目标

1. 掌握流化床反应器的日常维护工作
2. 掌握流化床反应器常见的故障
3. 知道常见故障的处理方法

任务引入

你是某高分子化工企业的操作员，能独自进行流化床反应器的日常维护工作，能合作进行流化床反应器常见故障的排查及处理工作，在工作开始前，你需要先学习流化床反应器的日常维护和故障处理的相关知识。

相关知识

一、流化床反应器的日常维护

流化床反应器虽然种类多、结构形式多样化，但其基本结构都是由气体分布装置、内部构件、换热装置、气固分离装置组成，因此日常操作维护主要围绕组成部件进行。

1. 气体分布装置的维护

气体分布装置位于流化床反应器的床底部，是保证流化床反应器具有良好的流化效果的重要构件，为了使气流在流化床反应器的整个截面上均匀分布，一般采取以下办法：防止气体分布装置生锈；固体颗粒不能太小，以免分布装置的小孔堵塞。

2. 内部构件

流化床反应器内部构件能够抑制气泡的长大，改善气体在床内的停留时间分布，强化气泡相和乳化相之间的质量交换，从而提高反应的转化率。流化床反应器内部构件容易磨损是最大的障碍，合理配置挡网、挡板是消除磨损的关键。

3. 换热装置

流化床反应器温度发生波动，可能是由于换热装置中冷热物流受阻所引起的，目前应用最广的是夹套换热器和内管换热器。

4. 气固分离装置

气固分离装置最常见的是旋风分离器，但常会遇到堵塞、漏气、旋转速度不稳定和分离效果不佳等故障，解决这些故障需要及时检查和维修。发现堵塞可以通过拆卸旋风分离器并清理内部的固体颗粒来解决；及时更换损坏的密封件，以确保旋风分离器密封良好防止漏气；及时检查电机和传动装置并进行维修和更换，确保旋风分离器转速稳定；及时调整操作参数，确保旋风分离器的分离效果。同时，对于旋风分离器的使用者来说，了解常见故障及其解决方法也是必要的，以提高工作效率和生产质量。

二、流化床反应器常见故障与处理方法（见表 5-3-1）

表 5-3-1　　流化床反应器常见故障与处理方法

故障现象	故障原因	处理方法
出料气体夹带催化剂	旋风分离器堵塞	调节进料的物质的量比及系统压力、温度，如无效，则停车处理
回收催化剂管线堵塞	反应器保温、伴热不良，蛇管内热水温度低，反应器内产生冷凝水，导致催化剂结块	加强保温及伴热效果，提高蛇管的热水温度
回收催化剂插入管阀门腐蚀穿孔	反应器保温、伴热不良，蛇管内热水温度低，反应器内产生冷凝水	不停车带压堵漏，如无法修补，则应停车，更换新件
蛇管泄漏	制造质量差，腐蚀冲刷或停车时保护不良	立即停车，清空，进行修补或更换冷却蛇管
大法兰泄漏	垫片变形导致螺栓把紧力不均匀	紧固法兰螺栓，或更换垫片
反应器流化状态不良	分布器或挡板被催化剂堵塞	重新调整进料摩尔比，如无效，停车清理分布板或挡板

思考与练习

一、单选题

1. 内部构件消除磨损的关键是（　　）。

A. 防止生锈　　B. 防止堵塞

C. 进行挡网、挡板的合理配置　　D. 改变气体的停留时间

2. 流化床反应器中的换热装置目前应用最广的是（　　）。

A. 夹套式　　B. 外部循环式　　C. 回流冷凝式　　D. 中间换热式

二、填空题

1. 出现出料气体夹带催化剂故障

故障原因：______

处理方法：______

2. 出现回收催化剂管线堵塞故障

故障原因：______

处理方法：______

3. 出现回收催化剂插入管阀门故障

故障原因：______

处理方法：______

4. 出现蛇管泄漏故障

故障原因：______

处理方法：______

5. 出现大法兰泄漏故障

故障原因：______

处理方法：______

6. 出现反应器流化状态不良故障

故障原因：______

处理方法：______

三、简答题

1. 流化床反应器的日常操作维护主要围绕哪些组成部件进行?

2. 流化床反应器常见故障有哪些?

课题六

其他形式反应器的操作

任务一　移动床反应器

学习目标

1. 掌握移动床反应器的类型及特点
2. 掌握移动床反应器的结构
3. 掌握移动床反应器的工作原理
4. 能了解并描述移动床反应器的装置流程（包括主要动设备、静设备、阀门、仪表）
5. 能维持移动床反应器的正常生产
6. 能掌握移动床常见反应器的种类、使用性能

任务引入

你是某煤化企业的现场操作员，某天你接到班组长下发的任务，需要用移动床反应器单元装置生产水煤气，工作场地是公司水煤气生产车间，工作对象是水煤气生产装置，其核心设备为移动床反应器。在生产水煤气之前，你需要先学习移动床反应器类型及特点、发展趋势及结构，了解相关的知识，为水煤气生产奠定基础。

相关知识

一、移动床反应器的特点及结构

1. 移动床反应器的特点及适用场合

移动床反应器是由固体颗粒参与的反应器，是用以实现气固相反应过程或液固相反应过

程的反应器。在移动床反应器顶部先连续加入颗粒状或块状固体反应物或催化剂，随着反应的进行，固体物料逐渐下移，最后从底部连续卸出。流体则自下而上（或自上而下）通过固体床层，以促进反应进行。该反应器与固定床反应器有相似之处，不同之处在于此处的固体颗粒是从反应器顶部连续加入，自上而下移动，并最终从底部卸出。这种反应器特别适用于催化剂需连续再生的催化反应过程以及固相加工反应。

优点：固体和流体的停留时间可以在较大范围内改变；返混较小（与固定床反应器相近），对固体物料性状以中等速度变化的反应过程也能适用。

缺点：控制固体颗粒的均匀下移比较困难。

2. 移动床反应器的结构及工作原理

钢铁工业和城市煤气工业发展初期，移动床反应器就被用于煤的气化。1934 年研制成功的移动床加压气化器（鲁奇炉），至今仍是规模最大的煤气化装置。石油催化裂化发展初期，采用移动床反应器，但现已被流化床反应器和提升管反应器所取代。应用移动床反应器的重要化工生产过程有连续重整等催化反应过程和连续法离子交换水处理过程。下面以气化炉为主，介绍常见移动床反应器的结构和工作原理。

（1）气化系统的内部组成

气化系统由以下单元或设备组成。

①气化装置：气化炉、炉箅、内筒体、夹套和蒸汽分离器。

②加煤单元：煤仓、煤溜槽、煤锁、煤尘旋风分离器、煤锁引射器、粗煤气消音器。

③排灰单元：灰锁、竖灰管、膨胀冷凝器。

④洗涤冷却单元：洗涤冷却器、废热锅炉、循环洗涤泵、粗煤气分离器。

⑤开车煤气处理系统：开车煤气洗涤器、分离器、火炬、冷火炬。

⑥液压控制系统：由液压泵站、蓄能器、减压站和煤锁、灰锁就地控制柜等组成。其作用是以液压形式给煤锁、灰锁提供动力。

⑦润滑油系统：由油箱和齿轮泵组成。其作用是向煤锁下阀、灰锁上下阀、炉箅轴瓦和填料供给润滑油（共十个润滑点）。

⑧煤锁气处理系统：泄压煤气经煤锁气洗涤器和分离器处理后送入气柜，压缩机将气柜的煤气压缩后送入变换冷却中间冷却器。

（2）气化炉结构（见图 6－1－1）

①炉体筒体。气化炉的炉体无论何种炉型均是一个双层筒体结构的反应器。其外筒体承受高压，一般设计压力为 3.6 MPa，温度为 260 ℃；内筒体承受低压，即气化剂与煤气通过炉内料层的阻力，一般设计压力为 0.25 MPa，温度为 310 ℃。内、外筒体的间距一般为 40～100 mm，其中充满锅炉水，以吸收气化反应传给内筒的热量产生蒸汽，经气液分离后并入气化剂中。尽管炉内各层的温度不一，但内筒体由于有锅炉水的冷却，基本保持在锅炉水在该操作压力下的蒸发温度，不会因过热而损坏。由于内外筒体受热后的膨胀量不尽相同，一般内筒设有补偿装置。夹套蒸汽的分离也分为内分离或外置汽包分离。第一、第二代气化炉一般外设有汽包，第三代气化炉以后不再设有汽包，而利用夹套上部空间进行分离。

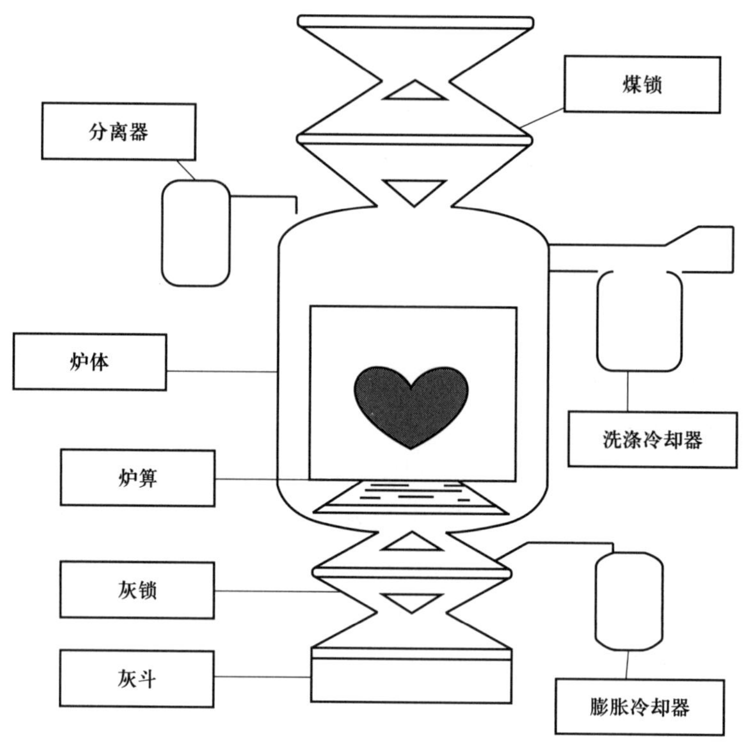

图 6－1－1　气化炉结构

②搅拌器与布煤器。根据气化煤种的不同，在气化不黏结煤时，炉内不设搅拌器；在气化自由膨胀指数大于 1 的煤种时，要设搅拌器，以破除干馏层的焦块。一般在设置搅拌器的同时也设置转动的布煤器，它们连接为一体。由设在炉外的传动电动机带动。布煤器的高度为 300～400 mm，直径为 2.6 m，由三块组成，以燕尾槽形式搭接，在圆盘上对称开有两个扇形孔，煤在刮刀作用下经两个扇形孔均匀地分布在炉内，搅拌器与布煤器通过空心轴连接，设在布煤器的下部，一般设有上、下两个桨叶。桨叶的断面形状为中空的三角形，桨叶倾角各有差异。由于搅拌桨在高温条件下工作，为延长使用寿命，桨叶及空心轴除了采用锅炉水冷却外，搅拌器选用耐热钢板，为提高其耐磨性还在搅拌桨叶的表面堆焊了一层硬质合金，使其表面硬度达 HRC55 以上。

③炉箅。炉箅是气化炉的心脏，是气化炉稳定、安全、高产、低耗运行的关键部件，其结构示意图如图 6－1－2 所示。

气化炉下部炉箅系统主要包括塔型炉箅、支撑件、炉箅刮刀、破碎环、齿轮、止推轴承等部分。

在炉箅内壁下部，正常操作期间，此处充满了灰渣，为了减弱炉箅转动时灰渣对内壳的磨损，延长设备使用寿命，在内壳下部与炉箅接触处和波纹段上部相应加大壁厚，并且沿圆周在此处焊有耐磨筋条，在波纹节处装有耐磨板。

炉箅设在气化炉底部，是气化炉的关键部件，其作用是：

a. 使气化剂均匀分布到气化炉的横断面；

b. 排灰并维持一定的灰层高度；

c. 破碎灰渣块，使灰渣粒度减小，防止灰锁阀门堵塞；

d. 保持煤层、灰层在移动中达到均衡。作为均匀灰层条件，目的是防止气化剂在煤层中形成沟流。

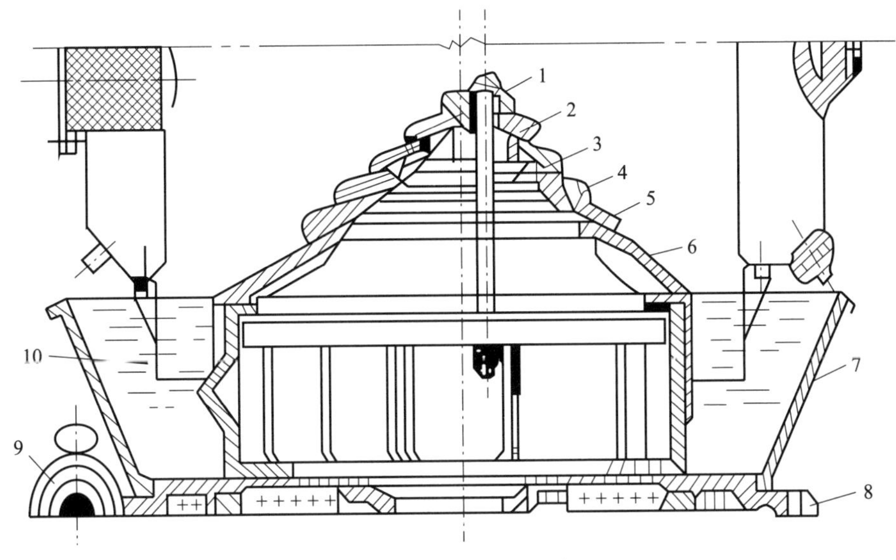

图 6-1-2　炉箅结构示意图

1—一层炉箅　2—二层炉箅　3—三层炉箅　4—四层炉箅　5—五层炉箅　6—炉箅座　7—灰盘　8—大齿轮　9—蜗杆　10—裙板

炉箅分为五层，从下至上逐层叠合固定在底座上，顶盖呈锥形。炉箅材质选用耐热耐磨的铬锰合金钢。最底层炉箅的下面设有三个灰刮刀安装口，灰刮刀的数量由气化原料煤的灰分含量来决定。支承炉箅的止推轴承上开有注油孔，由外部高压注油泵通过油管注入止推轴承面进行润滑，该润滑油为耐高温的过热汽缸油。炉箅的传动采用变频电机传动。由于气化炉直径较大，为使炉箅受力均匀，采用两台电动机对称布置的方式。

④煤锁。煤锁是用于向气化炉内间歇加煤的压力容器，它通过泄压、充压循环将存在于常压煤仓中的原料煤加入高压的气化炉内。以保证气化炉的连续生产。煤锁包括两部分：一部分是连接煤仓与煤锁的煤溜槽，它由控制加煤的阀门（由溜槽阀及煤锁上锥阀组成）将煤加入煤锁；另一部分是煤锁及煤锁下阀，它将煤锁中的煤加入气化炉内。

早期的气化炉煤锁溜槽多采用插板型阀来控制从煤仓加入煤锁的煤量，它的优点是结构简单，但缺点是当射线料位计检测到煤锁快满时，上阀可能无法关闭严密。第三代以后的气化炉都已改为圆筒型溜槽阀，这种溜槽阀为一圆筒，两侧孔正好对准溜煤通道，煤就会通过上阀上部的圆筒流入煤锁。煤锁上阀阀杆上也固定有一个圆筒，它的直径比溜槽阀的圆筒小，两侧也开有溜煤孔。当上阀向下打开时，圆筒以外的煤锁空间流不到煤，当上阀提起关闭时，圆筒内的煤流入煤锁。这样只要溜煤槽在一个加煤循环时开一次，煤锁就不会充得过满，从而避免了仪表失误造成的煤锁过满而停炉。煤锁本体是一个承受交变载荷的压力容器，操作设计压力与气化炉相同，设计温度为 200 ℃，材质为锅炉钢或普通低合金钢制作，壁厚一般在 50 mm 以上。

煤锁上、下锥形阀的密封非常重要，一旦出现泄漏将会影响气化炉的正常运行。煤锁上、下锥形阀的阀头一般为铸钢件，并在与阀座的密封处堆焊硬质合金。阀头上的硬质合金宽度为 30 mm，阀座的密封面也采用堆焊硬质合金，宽度与阀头相同。一般要求堆焊后的密封面硬度为 HRC48。

煤锁上锥形阀由于操作温度较低，一般采用硬质合金和氟橡胶两道密封，即在阀座上开槽，将橡胶密封圈嵌入其中，构成了软碰硬和硬碰硬的双道密封，这样能延长上锥形阀的使用寿命。煤锁上、下锥形阀的设计上还采用了自压锁紧形式，即在阀门关闭后，由于受气化炉或煤锁内压力的压迫，使阀头受到向上力的作用，即便误操作阀门也不会自行打开，从而避免高温煤气外漏，保证了气化炉的安全运行。

⑤灰锁。灰锁是将气化炉炉箅排出的灰渣通过升、降压间歇操作排出炉外，从而保证了气化炉的连续运转。灰锁同煤锁都是承受交变载荷的压力容器，但灰锁由于是储存气化后的高温灰渣，工作环境较为恶劣，所以一般灰锁设计温度为 470 ℃。同时，为了减少灰渣对灰锁内壁的磨损和腐蚀，一般在灰锁筒体内部都衬有一层钢板，以保护灰锁内壁，延长使用寿命。

灰锁上阀的结构及材质与煤锁的下阀相同，因其所处的工作环境差、温度高，灰渣磨损严重，为延长阀门使用寿命，在阀座上设有水夹套进行冷却。第三代气化炉还在阀座上设置了两个蒸汽吹扫口，在阀门关闭前先用蒸汽吹扫密封面上的灰渣，从而保证了阀门的密封效果，延长了阀门的使用寿命。

灰锁下阀由于工作温度较低，其结构与煤锁类似，也采用硬质合金与氟橡胶两道密封。另外，为保证阀门的密封效果，第三代气化炉在灰锁下阀阀座上还设置了冲洗水，在阀门关闭前先冲掉阀座密封面上的灰渣，然后关闭阀门。

灰锁上、下阀在设计上也采用可自锁紧形式，即阀门关闭后受到来自气化炉或灰锁的压力作用于阀头上，压差越大关闭越紧密，下阀只有在泄完压与大气压力相近时才能打开，上阀只有在灰锁充压与气化炉压力相同时才能打开，这样就保证了气化炉的运行安全。

⑥灰锁膨胀冷凝器。灰锁膨胀冷凝器是第三代气化炉所专有的附属设备。它的作用是在灰锁泄压时，将含有灰尘的灰蒸气大部分冷凝并洗涤下来。这样一方面可以大幅度减少泄压的气量，另一方面可以保护泄压阀门不被灰尘磨损或堵塞。它上部通过法兰与灰锁连接，利用中心管与灰锁内的气体相通；下部设有进水口和排灰口，上部则设有泄压气体出口。在正常操作时，冷凝器内充满水。当灰锁泄压时，灰蒸气通过中心管进入膨胀冷凝器的水中，在此大部分灰尘被水洗涤沉降、蒸汽被冷凝，剩余的不凝气体通过上部的泄压管线排至大气。膨胀冷凝器的设计压力、温度与灰锁相同，只是中心管的材质由于长期受灰蒸气的冲刷，需采用耐磨性能较好的合金钢。

第一、第二代碎煤加压气化炉的灰锁没有设置膨胀冷凝器，它们的泄压是将灰锁的灰蒸气直接通过泄压管线排出灰锁后，再进入一个常压的灰蒸气洗涤器进行洗涤、除尘。这种结构的主要的问题是灰蒸气的泄压阀门与泄压管线由于长期受灰蒸气的冲刷，使用寿命较短，需频繁更换泄压阀门，从而影响气化炉的正常运行。

（3）气化炉的工作原理

碎煤加压气化是一种自热式、移动床、逆流接触、连续气化、固态排渣工艺过程。气化炉外壳是一双层夹套筒体式外壳，夹套在生产时由锅炉给水保持液位，并在此锅炉水吸热气化产生饱和蒸汽，此蒸汽并入气化剂管线返回气化炉内。夹套内压力比气化炉内压力高一些，以克服系统阻力。加压气化炉的炉体不论何种炉型均是一个双层筒体结构的反应器，这种内外筒结构的目的在于，尽管炉内各层温度高低不一，但内筒体由于有锅炉水的冷却，基本保持在锅炉水在该操作压力下的蒸发温度，不会因过热而损坏。由于内外筒受热后的膨胀量不尽相同，一般在内筒设有补偿装置。

夹套充满锅炉水，以吸收气化反应传给内筒的热量产生蒸汽，经气液分离后并入气化剂中。夹套内产的饱和蒸汽，无单独的集汽包，而是利用夹套上部空间起气液分离作用。为了提高分离效果，在内外壳体上焊有挡板。

气化炉内外壳体生产期间由于温度不同，热膨胀量不同，为降低温度差应力，在内套下部设计制造成波形膨胀节，用于吸收热膨胀量。正常生产期间，波形膨胀节不但可以吸收25～35 mm的内壳热膨胀量，而且可以起到支撑灰渣的作用，这样可使灰渣在刮刀的作用下均匀地排到灰锁中去。

煤的气化是一个复杂多相物理化学反应过程。主要是煤中的碳与气化剂、气化剂与生成物、生成物与生成物及碳与生成物之间的反应。煤气的成分取决于原料种类、气化剂种类及制气过程的条件。

制气过程的条件主要取决于气化炉的构造和原料煤的物理化学性质，其中煤的灰熔点和黏结性是气化用煤的重要指标。

煤在气化炉中的气化过程可分为五个层，即灰层、燃烧层、气化层、干馏层、干燥和预热层，其燃料层分区示意图如图6－1－3所示。

①灰层。4.53 MPa、435 ℃的过热蒸汽和夹套自产蒸汽与110 ℃的氧气混合后约350 ℃，进入气化炉炉箅，经灰床分布、与灰渣换热，灰渣由1 000～1 100 ℃被冷却至450 ℃，排入灰锁。气化剂被加热后上升到燃烧层。

②燃烧层。在燃烧层进行下列主要反应：

$$C + O_2 = CO_2 + 393.7\ \text{kJ/mol} \quad (6-1-1)$$

$$2C + O_2 = 2CO + 220.9\ \text{kJ/mol} \quad (6-1-2)$$

在燃烧层主要是煤与O_2的反应，反应（6－1－1）是控制反应。

上述两反应放出大量的热，上升的气化剂被加热到800～1 000 ℃，下降的灰的温度接近1 000 ℃。

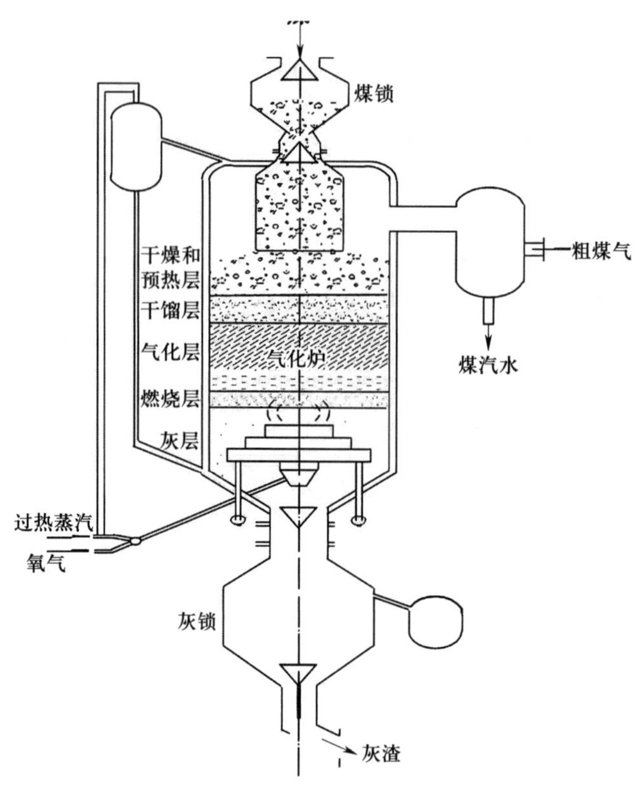

图 6–1–3　气化炉燃料层分区示意图

③气化层。来自燃烧层的上升气体主要含有 CO_2 和水蒸气，在气化层约 850 ℃的平均温度下进行以下反应：

$$C + H_2O = CO + H_2 - 131.4\ kJ/mol \quad (6-1-3)$$

$$C + 2H_2O = CO_2 + 2H_2 - 90.2\ kJ/mol \quad (6-1-4)$$

$$CO + H_2O = CO_2 + H_2 + 41.2\ kJ/mol \quad (6-1-5)$$

$$C + CO_2 = 2CO - 172.4\ kJ/mol \quad (6-1-6)$$

$$C + H_2 = CH_4 + 74.9\ kJ/mol \quad (6-1-7)$$

气化层的控制反应是（6–1–3）。反应（6–1–7）和反应（6–1–6）对离开气化层的煤气组成影响较小。反应（6–1–4）和反应（6–1–5）对煤气组成的影响更小，对于活性差的煤，其影响可忽略不计。

④干馏层。在干馏层，煤被上升煤气加热到 300～600 ℃时，煤开始软化，焦油和少量的 H_2、CO_2、CO、H_2S、NH_3 从煤气中分解出来。CH_4 和 C_2^+ 以上的烃类从煤中逸出，在干馏层生成酚、吡啶、萘等有机物并分解出来。干馏过程是吸热过程，热量来自燃烧层。

⑤干燥和预热层。由煤锁加到气化炉的煤在干燥和预热层被干燥并加热至 300 ℃。此时煤的表面水分和吸附水被蒸发。

二、移动床反应器的正常操作

1. 移动床反应器的工艺流程

经筛分后的碎煤由煤斗进入煤锁，煤锁在常压下加满煤后，由来自煤气冷却装置的冷粗煤气先充压至 2.4 MPa，然后由气化炉顶部粗煤气将煤气充压至与气化炉平衡，打开煤锁下阀，将煤加入气化炉冷圈内。当煤锁中的煤全部加入气化炉后，由于气化炉内热气流的上升，使煤锁内温度升高，因此以煤锁中的温度监测煤锁空信号，煤锁关闭下阀泄压后再加煤，由此构成了间歇加煤循环。进入气化炉冷圈中的煤经转动的布煤器均匀分布与炉内，依次经过干燥、干馏、气化、氧化层，与气化剂反应后的灰渣经炉箅排入灰锁。当灰锁积满灰后，关闭灰锁上阀，通过膨胀冷凝器将灰锁泄压至常压，打开灰锁下阀，灰渣通过常压灰斗落入螺旋输灰机的水封槽内，灰渣在此被激冷，产生的灰蒸气通过灰蒸气风机经洗涤除尘后排入大气。冷却后的灰渣由螺旋输灰机排至输灰皮带外运。

气化炉内产生的粗煤气（约 650 ℃）汇集于炉顶部引出，首先进入文丘里式洗涤冷却器被高压喷射煤气水洗涤、除尘、降温，在此粗煤气被激冷至 200 ℃，然后粗煤气与煤气水一同进入废热锅炉，最后粗煤气经气液分离后并入总管，进入变换工段。煤气冷凝液与洗涤煤气水汇于废热锅炉底部积水槽中，大部分由煤气水循环泵打至洗涤冷却器循环洗涤粗煤气，多余的煤气水经液位调节阀控制排至煤气水分离工段。

2. 影响移动床反应器操作的参数

（1）汽氧比

汽氧比是气化炉正常操作的重要调整参数之一，其高低理论上取决于煤的灰熔点，但实际上还需根据灰的颜色、结渣程度、正常下灰量以及煤气成分中 CO_2 的含量来综合调整汽氧比。调整汽氧比实际上是调整反应层的温度，随着汽氧比的调整，出口粗煤气成分也会随着变化。改变汽氧比的主要依据有以下几方面。

①气化炉排出灰渣的状态。颜色、粒度、含碳量：灰渣粒度较大，数量多，火层温度过高，说明汽氧比偏低；灰渣中残炭量高，细灰量多且无熔渣，说明火层温度低，汽氧比偏低。

②原料煤的灰熔点。在灰熔点允许的情况下，应尽量降低汽氧比，以提高反应层的温度，若灰熔点发生变化，要及时调整汽氧比。

③煤气中 CO_2 含量。CO_2 含量的变化对汽氧比的变化反应最敏感，在煤种相对稳定的情况下，CO_2 超出设定范围要及时调整汽氧比，以适应气化炉运行的需要。

汽氧比的调整要谨慎，且调整幅度不要太大，在调整前后要及时观察气体分析和灰况。在高负荷生产情况下，为了不使生成细灰影响下灰操作，汽氧比可适当降低，加大灰渣粒度。

（2）气化炉火层

控制火层的高低是气化炉操作的主要目的，其高低不仅直接关系到气化炉的工况，而且对设备的影响很大。正常控制中，气化炉火层并不可视，即没有直接判断的手段，需通过对出口温度和灰锁温度的控制来进行调节。

（3）气化炉床层位置

气化炉内火层位置的控制非常重要，判断火层的具体位置应根据气化炉的工艺指标和实际经验综合而定。

火层高，则气化层缩短，煤气质量发生变化，严重时容易造成氧气超标；火层低，则灰层薄，容易造成因温度高而烧坏炉箅等内件。火层位置的控制主要靠调整炉箅转速，控制气化炉出口温度和灰锁温度来实现。

①当气化炉出口温度升高，灰锁温度降低时，应加大炉箅转速，加大排灰量，使炉箅转速和气化炉负荷相匹配。

②当气化炉出口温度降低，灰锁温度升高时，应降低炉箅转速，减少排灰量。

③当气化炉出口温度和灰锁温度同时升高时，说明炉内有沟流、风洞现象，应降负荷，适当提高汽氧比，正反转炉箅来均匀布气，必要时加大炉箅转速以破坏风洞。

（4）气化压力

①气化压力对煤气组成的影响：甲烷和 CO_2 含量随压力升高而增加，CO 和 H_2 含量随压力升高而减少。

②气化压力对煤气产率的影响：随着压力升高，煤气产率下降。

③气化压力对气化炉生产能力的影响：在相同温度下提高气化压力，生产能力提高。

④气化压力对氧气和蒸汽消耗量的影响：随着压力升高，氧气消耗量下降而蒸汽消耗量增加。

3. 移动床反应器正常工况的维持

在气化炉工况稳定的情况下，以每次 100 m^3/10 min 的速率逐次递增负荷至所需负荷，原则上限定每小时增加负荷不能超过 1 000 m^3；以每次 500 m^3/5 min 的速率逐次递减负荷至所需负荷，在加减负荷过程中，要确保气化炉工况和系统压力的稳定。

（1）气化炉加负荷前需确认

检查原料煤的质量指标和供给情况；检查蒸汽和氧气的供给情况，氧气的纯度；气化炉的工况：出口和灰锁温度，产气量是否稳定，出口气体成分等；夹套耗水量；检查灰渣的生成情况（如粒度、颜色、下灰量、残炭量等）。

（2）气化炉加负荷时的注意事项

调整负荷控制器的设定值，注意每次加负荷的量的控制；手动操作时总是先加蒸汽后加氧气；增大炉箅转速，观察下灰量；观察压差、压力、温度、流量的变化；对出口气体进行分析；气化炉夹套耗水量正常。

思考与练习

一、填空题

1. 通过阅读移动床反应器工作原理的相关内容，结合图 6-1-3，完善表 6-1-1。

表 6-1-1　　移动床反应器各燃料层特性认知表

区域名称	用途及进行的过程	化学反应
灰层		无
		$C + O_2 = CO_2 + 393.7$ kJ/mol $2C + O_2 = 2CO + 220.9$ kJ/mol
气化层		
	煤被上升煤气加热，焦油和少量的 H_2、CO_2、CO、H_2S、NH_3 从煤气中分解出来。CH_4 和 C_2^+ 以上的烃类从煤中逸出，在干馏层生成酚、吡啶、萘等有机物并分解出来	
		无

2. 影响移动床反应器操作的参数——汽氧比，它是气化炉正常操作的重要调整参数之一，改变汽氧比的主要依据是＿＿＿＿＿＿＿＿、＿＿＿＿＿＿＿＿、＿＿＿＿＿＿＿＿。

二、多选题

气化压力对移动床反应器操作的影响有（　　）。

A. 压力对煤气组成的影响：甲烷和 CO_2 含量随压力升高而增加，CO 和 H_2 含量随压力升高而减少

B. 压力对煤气产率的影响：随着压力升高，煤气产率下降

C. 压力对气化炉生产能力的影响：在相同温度下提高气化压力，使生产能力提高

D. 压力对氧气和蒸汽消耗量的影响：随压力升高，氧气消耗量下降而蒸汽消耗量增加

任务二　气流床反应器

学习目标

1. 掌握气流床反应器的类型及特点

2. 掌握气流床反应器的结构
3. 掌握气流床反应器的工作原理
4. 能了解并描述气流床反应器的装置流程（包括主要动设备、静设备、阀门、仪表）
5. 能维持气流床反应器的正常生产
6. 能掌握气流床常见反应器的种类、使用性能

任务引入

你是某煤化工企业的操作员，班组长下发的任务是需要用气流床反应器单元装置生产水煤气，工作场地是公司水煤气生产车间，工作对象是水煤气生产装置，其核心设备为气流床反应器（德士古气化炉）。在生产水煤气之前，你需要先学习气流床反应器类型及特点、发展趋势及结构，了解相关的知识，为水煤气生产奠定基础。

相关知识

一、气流床反应器的特点及结构

1. 气流床反应器的特点及适用场合

气流床气化是一种并流气化，用于非均相反应过程的一类较为新型的设备，这类反应器是固体颗粒物料在气流（或液流）作用下，悬浮在气流（或液流）中并被气流（或液流）带走，形成两相同时流动状态。以煤气化为例，用气化剂将粒度 100 μm 以下的煤粉带入气流床反应器内，或者先将煤粉制成水煤浆，然后用泵打入气化炉内。煤料在高于其灰熔点的温度下与气化剂发生燃烧和气化反应，灰渣以液态形式排出气化炉。与固定床反应器和流化床反应器相比，气化床是采用纯氧作为气化剂，气流速度更快，原料粉煤或煤浆被喷头雾化，瞬间经历干馏、燃烧、还原等几个阶段，煤颗粒在被气化的过程中随气体一起流动，因此成为气流床。气流床反应器主要应用于煤气化、煤液化（费 – 托合成）、联合循环发电等领域。

优点：煤种适应性强，生产能力大，生产过程稳定，碳转化率高，且煤气中不含焦油、酚，废弃物排放量少，环保表现优异。

缺点：生产过程耗氧量高，为保证液态排渣顺利进行，需要添加助熔剂，降低煤的灰熔点和黏度。

2. 气流床反应器的结构及工作原理

我国是贫油少气多煤的国家，为保证国家能源安全，煤炭使用量巨大，煤化工生产规模也在不断扩大，而煤气化作为煤化工产业的核心技术，其发展直接关乎煤化工企业的生产效率和产品质量，因此气化炉在生产装备中占据重要地位。1948 年，德士古发展公司首创了水煤浆气化工艺，并在加利福尼亚州洛杉矶近郊的 Montebello 建成了第一套日投煤量 15 t 的中试装置，这标志着煤气化技术的一个重大的开端。目前在我国，常见的气流床气化炉主要生

产商与研究机构包括美国GE、荷兰Shell、德国西门子以及国内的中国航天科技集团有限公司、华东理工大学等，它们的产品各具特色。以下以德士古气化炉为例，介绍气流床反应器的结构和工作原理。

（1）气流床反应器的结构

气化炉是水煤浆气化工艺的核心设备。气化炉的作用是使水煤浆与氧气在反应室进行气化，生成以氢气和一氧化碳为主的高温煤气。德士古气化炉分为激冷式气化炉和全热能回收式气化炉两种，其中激冷式气化炉最为常用，其结构如图6-2-1所示。

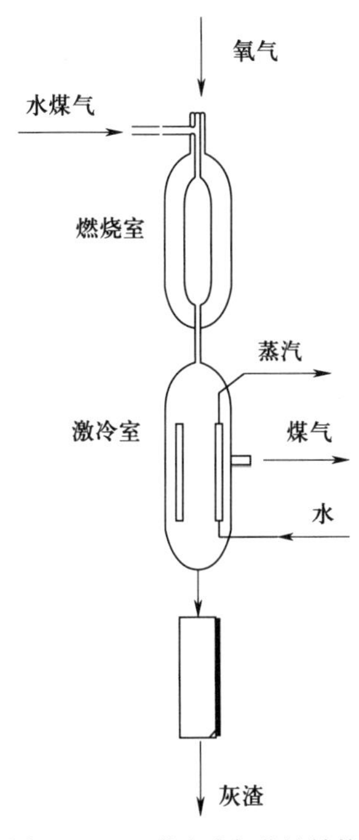

图6-2-1　激冷式气化炉结构

激冷式气化炉分为燃烧室和激冷室，上部燃烧室为中空筒形反应空间，反应物在此瞬间进行气化反应，该空间无任何机械部分，由里向外设四层衬里，第一层为向火面砖，要求能抗侵蚀和磨蚀；第二层为支撑砖（背衬砖），主要用作支撑拱顶的衬里，也具有抗渣能力；第三层为隔热砖；第四层为可压缩的塑性耐火材料。生成气由锥形下部生成气出口去激冷室。激冷室内紧接上部气体出口位置设有激冷环，喷出的水沿下降管流下，形成一层下降水膜，这层水膜可避免由燃烧室来的高温气体中夹带的熔融渣粒附着在下降管壁上。

激冷室内维持着相当高的液位。来自燃烧室、夹带着大量熔融渣粒的高温生成气，通过下降管直接与冷却水接触，气体得到冷却的同时，水汽达到饱和状态。熔融渣粒在骤冷作用下变成粒化渣，并从气体中分离出来，被收集在激冷室的下部。位于底部的旋转式灰渣破碎机将大块灰渣破碎，由锁斗定期排出。饱和了水蒸气的气体进入上升管，到达激冷室的上部，经挡板除沫后，从侧面气体出口管进入洗涤塔，进行进一步的冷却和除尘处理。

气化炉顶部设置烧嘴口，以连接工艺烧嘴用。烧嘴也称喷嘴，其作用是将水煤浆充分雾化，使水煤浆和气化剂充分混合，是气化工艺的核心设备。

由图6-2-2工艺烧嘴三流式结构图可见，工艺烧嘴系三流通道，氧分为两路，一路为中心氧，由中心管喷出，水煤浆由内环道流出，并与中心氧在出烧嘴口前已预先混合；另一路为主氧通道，在外环道烧嘴口处与煤浆和中心氧再次混合。

烧嘴头部最外侧为水冷夹套。冷却水入口直抵夹套，由缠绕在烧嘴头部的数圈盘管引出。当烧嘴冷却水供应量不足时，气化炉会自动停车。

烧嘴的材料为镍铬合金Inconel 600，夹套头部材料为钴基合金Haynes 188，烧嘴头部煤浆通道上都在主材表面堆焊一层钴基合金Stellite 6耐磨层。在正常运行期间，烧嘴头部煤浆通道出口处的磨损是不可避免的。当氧煤浆通道因磨损而变宽以后，工艺指标变差，就必须更换新的工艺烧嘴，这个运行周期就是工艺烧嘴的连续运行天数。一般每隔45天就应定期检查更换。

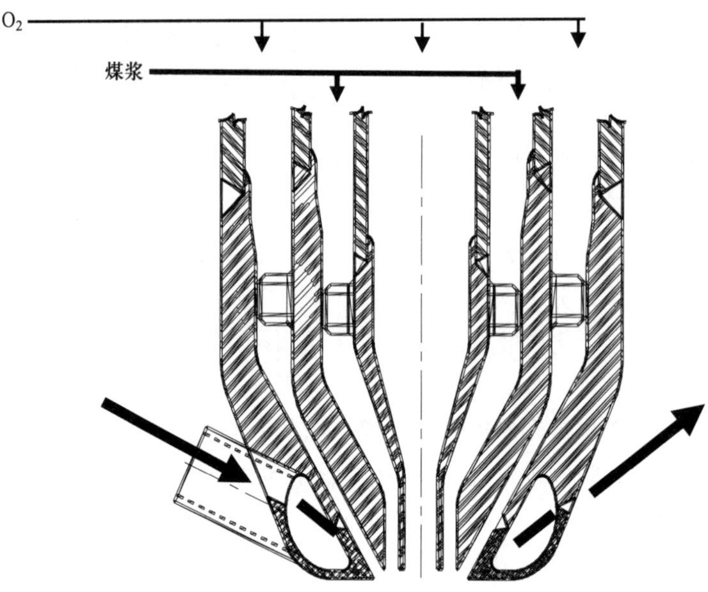

图 6-2-2　工艺烧嘴三流式结构图

（2）气流床反应器的工作原理

德士古水煤浆气化过程从流动特征上讲属受限对流反应过程，按流动过程可将炉内分为三个流动区域，即对流区、回流区和管流区，每个区域的流动特征各异，如图 6-2-3 所示。在对流区中物流流动速度大，不断地与回流区进行物质交换，喷口附近回流区中的高温气体大量地被卷吸到对流区，而远离喷口区域却有大量流体离开对流区进入回流区，未离开部分流体则进入管流区。

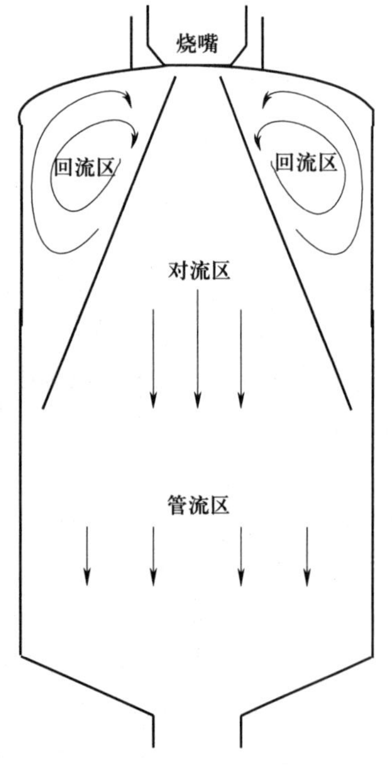

图 6-2-3　德士古气化炉流动区域

①气化炉内的主要反应和副反应。

a. 气化主要反应：

$$C_mH_n+\left(m+\frac{n}{4}\right)O_2=mCO_2+\frac{n}{2}H_2O+Q$$

$$C_mH_n+\left(\frac{m}{2}+\frac{n}{4}\right)O_2=mCO+\frac{n}{2}H_2O+Q$$

$$C+O_2=CO_2+Q$$

$$2C+O_2=2CO+Q$$

$$C+H_2O=CO+H_2-Q$$

$$C+2H_2O=CO_2+2H_2-Q$$

$$CO_2+H_2=CO+H_2O-Q$$

$$CH_4+H_2O=CO+3H_2-Q$$

$$C+CO_2=2CO-Q$$

b. 气化可能发生副反应：

$$COS + H_2O = H_2S + CO_2$$

$$C + O_2 + H_2 = HCOOH$$

$$N_2 + 3H_2 = 2NH_3$$

$$N_2 + H_2 + 2C = 2HCN$$

②对流区反应及特征。进入对流区的介质有水煤浆和来自回流区的高温烟气，发生的过程是：雾化后的水煤浆接收炉膛辐射热，并与来自回流区的高温烟气迅速混合升温，水分随之蒸发，挥发分大量释放，释放出的挥发分以及来自回流区 CO、H_2 等气体，与 O_2 相遇并达到着火条件后即可发生燃烧。在此过程中，温度持续升高，煤中难以挥发的碳氢化合物也开始裂解。脱除挥发分的过程结束后，形成的残炭呈多孔的疏松状。若此时氧气未完全消耗，则残炭将进行燃烧反应。

由于此区域中含有大量水分及氧气等，究竟发生的是部分氧化反应还是燃烧反应，根据动力学研究可以确定：在对流区中，氧气消耗完之前的区域，主要以生成 CO_2 的完全燃烧反应为主，即 $C + O_2 \rightarrow CO_2$，这一区域被定义为一次反应区；而在氧气消耗完之后的区域，碳的各种转化反应速率变得相当，即过程进入气化反应阶段，此区域与管流区一同被称为二次反应区（气化反应区）。

③管流区反应及特征。进入管流区的介质为来自一次反应区的燃烧产物及 CH_4、残炭、水蒸气及惰性气体等，此区域中进行的反应主要是碳的非均相气化反应、甲烷和水蒸气转化反应、逆变换反应。

④回流区反应及特征。回流区中的介质主要来自对流区，通过对流卷吸作用带入，包括燃烧产物中的残炭、水蒸气以及少量氧气等。因此，该区域既发生一次反应也发生二次反应，是一个一、二次反应共存的区域。

二、气流床反应器的正常操作

1. 气流床反应器的工艺流程

水煤浆加压气化是一种气流床加压气化技术，氧气和煤浆通过特制的工艺烧嘴混合后喷入气化炉内。在气化炉内，水煤浆与氧气发生不完全氧化还原反应，生成水煤气。为达到较高的转化率，采用部分氧化的方式释放热能，使气化炉的操作温度维持在煤灰熔点以上，以满足液态排渣的需要。这个反应温度根据煤种不同，一般在 1 300～1 450 ℃。气化炉的操作压力为 6.5 MPa 左右。反应速度进行得非常迅速，煤粒在气化炉内停留时间一般仅数秒钟，反应生成的水煤气中甲烷含量较少，一般仅为 0.1% 以下，碳的转化率较高。由于反应温度较高，不生成焦油、酚及高级烃等易凝聚的副产物，所以对环境的污染较小。

2. 影响气流床反应器操作的参数

（1）水煤浆浓度

水煤浆是粉煤分散于水介质中形成的固液悬浮体，它的浓度对气化效率、煤气质量等均有很大影响。要想提高气化效率，首要条件就是制备高浓度、低黏度、稳定性好、易泵送的水煤浆。影响水煤浆制备的因素主要有以下两个。

①煤的内在水分含量。煤的内在水分含量是影响水煤浆质量的关键因素。煤的内在水分含量低，煤的内表面积小，吸附水的能力差，煤浆具有流动性的自由水分量相对增多，从而使水煤浆具有较好的流动性。因此，煤的内在水分含量越低，制成的水煤浆黏度越小，流动性能越好，制成的水煤浆浓度越高。

进入磨机的煤的表面水分应小于8%。当表面水分过高时，易出现故障，如煤仓架桥、皮带秤跑空、入磨机煤中断供给、制浆水难掌握、浓度不稳定等，所以应严格控制进入磨机的煤的表面水分。

②pH 值。一般要求水煤浆的 pH 值在 7～9，制备的时候加入质量分数为 40% 的氢氧化钠溶液，来调节整套装置、整个水系的 pH 值大小。氨水因其易挥发不稳定，很少使用。将水煤浆 pH 值调节成碱性有两方面的原因：首先，pH 值小于 7 则水煤浆呈酸性，会对设备及管线造成腐蚀，但 pH 值过大，系统管道容易结垢；其次，加碱起到辅助调节煤浆黏度的作用，主要是制浆时需要添加添加剂，而添加剂需要在一定的 pH 值范围内才能发挥作用。

（2）氧煤比

氧与煤的进料顺序（煤浆先入炉）、用氧量的配比将直接影响气化炉的温度，通过氧煤比来控制炉温，是最直接的一种操作手段。

氧煤比是指气化 1 kg 干煤，在标准状态下所需氧气的体积，单位为 m^3/kg。

氧煤比高，则炉温高，对气化反应有利。但氧煤比过高，煤气中二氧化碳含量增加，冷煤气效率下降，如果投料时煤浆未进炉而氧气先入炉，或者因氮气吹除和置换不完全，可使炉内可燃性气体与氧气混合而发生爆炸；炉温过高，还易使耐火衬里及插入炉内的热电偶烧坏。氧煤比过低，则影响液态排渣，因此正常操作时需精心调节氧气流量，保持合适的氧煤比，将炉温控制在规定的范围内，保证气化过程正常进行。经常检查炉渣排放情况，确保气化炉顺利排渣，无堵塞现象。

（3）气化反应温度

根据反应原理，煤、碳与水蒸气、CO_2 的气化反应均为吸热反应，反应温度高，有利于气化反应的发生。要提高反应温度，就需要提高氧煤比，增大氧气消耗量，而耗氧量的增加又会导致冷煤气效率下降，因此反应温度不能过高。气化反应温度过低，不仅会影响气化反应的进行，还会对液态排渣产生不利影响。故气化反应温度的选择原则是在保证液态排渣的前提下，尽可能降低操作温度，工业上一般控制在 1 300～1 500 ℃。

（4）气化压力

根据反应原理，水煤浆气化反应是体积增大的反应，压力升高不利于气化反应进行，但气化压力增大可以提高反应物浓度，加快反应速度，增大气化效率且有利于水煤浆雾化，所以生产采用加压操作，一般为 3～9 MPa，工业推广为 6.5 MPa。

3. 气流床反应器正常工况的维持

原料煤质量稳定是气化炉稳定运行的关键。煤种的变化对气化炉的运行影响比较明显，煤种的好坏对气体成分、煤耗、煤浆浓度、耐火材料的使用寿命及气化炉的稳定运行等影响很大，正常工况下要保证煤质量的稳定。

气化炉负荷控制应该尽量稳定，如果将一台气化炉用于小范围负荷调整，则需同时将气化炉负荷与操作压力、氧气压力等按照操作曲线进行调节。烧嘴中心枪比例控制在15%～20%，当德士古气化炉出现渣口不畅时，可以适当提高中心枪氧比例。

气化炉温度是气化炉操作的关键因素。炉温控制过高会直接影响耐火砖的使用寿命和合成气中的有效气含量；炉温控制过低又会使粗渣中的含碳量增加，使粗渣的流动性变差，渣口压差增大，甚至堵塞渣口和下降管，影响气化炉的运行。因此，合理控制炉温很重要。实际生产中，主要通过以下几个数据来分析判断。

（1）入炉煤的灰熔点

每天对入炉煤浆进行取样分析其灰熔点，并将结果通知中控人员，作为操作炉温的参考。

（2）气体成分

根据气体中甲烷、二氧化碳含量变化对炉温进行判断。

（3）高温热电偶

根据高温热电偶显示温度进行调节，这与热电偶的测量原理、安装质量等有关。热电偶的使用时间不确定，在开车初期可作为主要参考。

（4）渣的形态

通过观察气化炉渣的颗粒大小、黏性、玻璃状等情况来判断炉温是否需要调节。

（5）氧煤比

氧气流量与煤浆流量的比值。

思考与练习

一、填空题

1. 通过阅读气流床反应器特点及结构的相关内容，完善下面表格。

表 6-2-1　　气化设备认知表

气化工段主要设备	主要作用
气化炉	
烧嘴	

2. 实际生产中，控制气化炉温度主要通过____________、____________、____________、____________、____________的数据来分析判断。

3. 影响水煤浆制备浓度的因素主要有________________、________________。

二、简答题

影响气流床反应器操作的参数包括哪些？

任务三　滴流床反应器

学习目标

1. 掌握滴流床反应器的类型及特点
2. 掌握滴流床反应器的结构
3. 掌握滴流床反应器的工作原理
4. 了解滴流床反应器的适用场所
5. 了解并描述滴流床反应器的装置流程
6. 能维持滴流床反应器的正常生产

任务引入

你是某炼油化工企业的现场操作员，需要用滴流床反应器单元装置来完成重油轻质化的工作。在生产产品之前，你需要先学习滴流床反应器类型及特点、发展趋势及结构，了解相关的知识，为生产操作奠定基础。

相关知识

一、滴流床反应器的特点及结构

1. 滴流床反应器的特点及适用场合

滴流床反应器，又称涓流床反应器，是一种气液固三相固定床反应器，液体向下以液膜的形式通过固体催化剂，气体多数以并流的形式向下流动，由于液体流量非常小，在床层中形成滴流状或者涓涓细流。

滴流床反应器的优点：反应器中的液膜通常很薄，总的传质和传热阻力相对较小，气体在平推流条件下操作可获得较高的转化率；同时由于持液量小，可最大限度降低均相的副反应；并流操作的滴流床也不存在液泛问题。

由于滴流床反应器具有上述优点，它被广泛应用于石油炼制（如加氢裂化、加氢精制、

加氢异构和加氢脱芳等）、石油化工（如加氢、水合、氧化等）、精细化工以及环境工程等化工领域。

但是，在大型滴流床反应器中，低液速下容易导致液体分布不均匀，出现沟流和短路现象，从而使催化剂无法完全润湿，催化剂的利用率以及反应转化率降低，又导致反应器内径向温度分布不均匀，形成局部热点，促使催化剂失活，影响催化剂的效率。

2. 滴流床反应器的结构及工作原理

滴流床反应器对石油加工中的加氢反应特别有利，故以加氢裂化为例来介绍滴流床反应器的结构及工作原理。

滴流床反应器是加氢裂化装置的关键设备，其结构如图 6-3-1 所示。滴流床反应器是多层绝热、中间冷氢、挥发组分携热和大量氢气循环的三相反应器。滴流床反应器材质一般要选择有良好耐高温耐腐蚀性能的钢材。滴流床反应器内构件包括入口扩散器、气液分配盘、催化剂支撑盘、急冷氢分配器、液体收集盘、混合箱、液体粗分配盘、出口收集器。

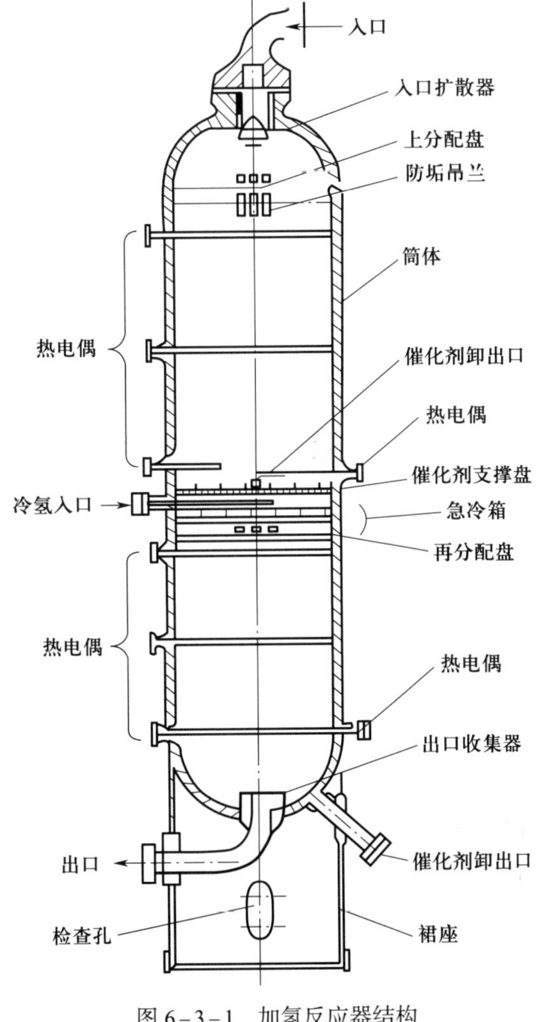

图 6-3-1　加氢反应器结构

入口扩散器、气液分配盘的作用：改善油气混合物与催化剂的接触状况，使流体进一步分布均匀，即物料达到均匀分布及气（氢气）、液（油）、固（催化剂）三相高效接触，理想的气液分配应使三相的接触程度达到85%以上。

催化剂支撑盘的作用：滴流床反应器内催化剂为分层装填，不同层催化剂间的催化剂支撑盘为支撑固定催化剂使用。

急冷氢分配器的作用：每段催化剂床层中间注入冷氢，以控制加氢放热反应引起的催化剂床层温度上升，为上一床层来的高温热物料换热降温，送入下一床层。

二、滴流床反应器的正常操作

1. 滴流床反应器的工艺流程

油气混合物先从入口扩散器进入滴流床反应器上部得到初步分配，然后从上分配盘均匀地进入催化剂床层。从催化剂床层流出的反应产物先与从急冷氢分配器喷出的冷氢初步混合，气液混合物进入液体收集盘，然后从上面的四个溢流堰以一定的角度向下喷出，进入混合箱沿圆周方向流动，这样就可以同氢气进行充分的混合。充分混合的产物先从粗液体分配盘进入下部气液分配盘进行分配，并均匀地进入下一个催化剂床层，这样就从一个催化剂床层进入下一个催化剂床层，从而进入出口收集器，并离开反应器，其工艺流程如图6-3-2所示。

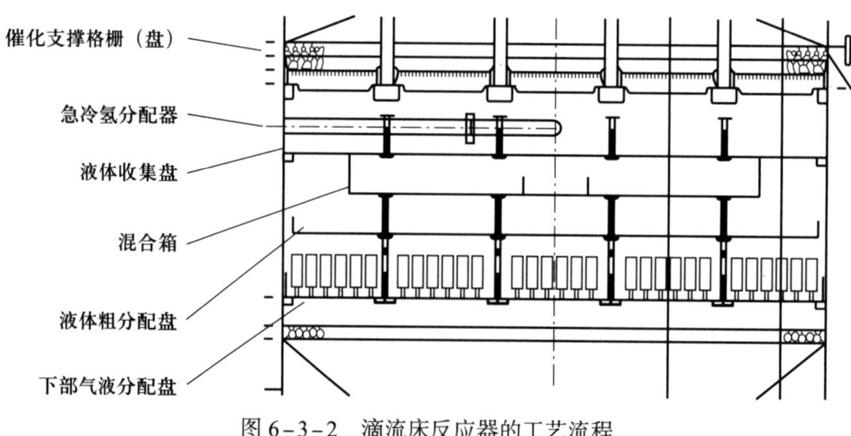

图6-3-2 滴流床反应器的工艺流程

2. 影响滴流床反应器操作的参数

加氢裂化反应系统操作因素受到多方面影响，如反应温度、反应压力、氢油比、空速、催化剂性质、原料性质、循环氢流量和纯度等。下面介绍几个主要的影响参数。

（1）反应温度

反应温度是控制脱硫脱氮率和加氢裂化反应的重要手段，提高反应温度，正构烷烃含量增加，异构烷烃含量降低，且反应温度提高会使得催化剂表面积炭速度加快，影响催化剂使用寿命，所以温度条件的选择一般受催化剂活性、操作温度限定值、产品分布等诸多因素影响。

（2）反应压力

反应压力主要是指氢分压，反应压力的选择与处理的原料性质有关，原料杂质越多则所

需氢压越高，适当提高氢分压可以促进加氢反应的进行，有利于脱硫脱氮反应发生，同时还可以减少催化剂结焦，有利于保持催化剂活性。

（3）氢油比

氢油比是指氢气的循环量与进料量之比。氢油比的增大可以促进加氢反应的发生，且有效保护催化剂，但过大的氢油比会使系统压降增大，油品与催化剂接触时间过短，反应深度降低，动力消耗增加。

（4）空速

降低空速，反应时间延长，反应深度加大，转化率提高，但空速过低使得二次裂解反应加剧，生成的气态烃增多；同时，由于油料在催化剂中停留时间过长，缩合反应随之增加。因此，空速的选择要在不影响油料转化深度的前提下，尽可能地提高。

3. 滴流床反应器正常工况的维持

加氢裂化装置在进行长周期运行的时候，应当注意以下几点。

（1）在长周期运行加氢裂化装置的过程中，需要有效监控上游常减压装置的蜡油拔出率，并且严格按照操作规定来执行，对原料的干点要严格管控，密切关注原料的馏程分布，同时要对原料中的硫、氮、重金属等含量进行实时监控，及时发现这些含量的变化动态。一旦发现氮含量超出标准值，就需要对反应温度进行相应的调整。

（2）当反应总进料未选择为转化油和新鲜料混合进料时，在进行加氢裂化装置操作时，要重视对分馏操作的把控，确保其稳定性，并将未转化油控制在适宜指标范围内。

（3）通常而言，总进料多保持在相对稳定的水平，相对于空速的变化，反应温度的变化往往更快。当反应温度上升后，反应系统需要一定的缓冲时间来适应新的反应。在这种条件下，为确保加氢裂化装置长周期稳定运行，需要控制反应温度的升温速度，避免过快升温。

（4）加氢裂化装置中的氢分压和氢油比，通常会比设计值稍高一些，这有利于满足加氢裂化装置长周期运行的要求。但需要注意的是，这些指标应保持稳定。

思考与练习

填空题

1. 通过阅读滴流床反应器的相关内容，填写表 6-3-1。

表 6-3-1　滴流床反应器认知表

优点	缺点

2. 通过阅读滴流床反应器结构的相关内容，填写表 6-3-2。

表 6-3-2　滴流床反应器内部构件的作用

主要部件名称	主要作用
入口扩散器、气液分配盘	
催化剂支撑盘	
急冷氢	

3. 以加氢裂化为例，影响滴流床反应器操作的参数有______、______、______、______。

任务四　微反应器

学习目标

1. 掌握微反应器的类型及特点
2. 掌握微反应器的结构
3. 掌握微反应器的工作原理
4. 了解微反应器的适用场所
5. 了解微反应器存在的问题

任务引入

你是某精细化工企业的操作员，需要用微反应器单元装置生产乙烯利原药。在生产产品之前，你需要先学习微反应器类型及特点、发展趋势及结构，了解相关的知识，为生产操作奠定基础。

相关知识

一、微反应器的特点、结构及工作原理

1. 微反应器的特点及适用场合

微反应器，也称微通道反应器，利用精密加工技术制造的特征尺寸在 10～300 μm（或

者 1 000 μm）的微型反应器，微反应器的“微”表示工艺流体的通道在微米级别，而不是指微反应设备的外形尺寸小或产品的产量小。微反应器中可以包含有成百万上千万的微型通道，因此也能实现很高的产量。

由于微反应技术所表现出来的优势，很多公司和研究机构，尤其是大型的化工和医药公司，都在致力于开发和应用基于微反应器的生产工艺新技术，许多新模块被研制出来，并在工艺研发和生产中得到了越来越多的应用。

优点：

（1）比表面积大，传递速率高，接触时间短，副产物少。

（2）快速、直接放大。

（3）安全性高。大量热量也可以及时移走，从而保证反应温度维持在设定范围以内，最大程度上减少了发生事故可能性。

（4）操作性好。微反应系统是呈模块结构的并行系统，具有便携性好等特点，可实现在产品使用地分散建设并就地生产、供货，真正实现将化工厂便携化。

缺点：

（1）工业化实现复杂。

（2）微通道易堵塞，难清理。

2. 微反应器的结构及工作原理

微反应器具有独立的三维结构，有多个直径为几微米到几百微米的反应通道，反应体积范围为几纳升到几微升，反应通道总长度通常为几厘米，是一种建立在连续流动基础上的微式反应器，用以代替传统的反应器，如漏斗、玻璃烧杯，以及工业有机合成中常用的反应釜等传统的间歇操作反应器。

微反应器在结构上常采用一种层次结构方式，先以亚单元形成单元，再以单元来组合成更大的单元，以此类推。这种反应器与传统化工设备的特点有所不同，便于微反应器以“数增放大”的方式方便地扩大生产规模并灵活地进行调节。

二、微反应器的适用场所

1. 微反应器在化学化工领域的应用

微反应器是一个比较广泛的概念，且有很多种形式，包括微量反应器、积分反应器、聚合物微反应器、固体模板微反应器和微聚合反应器等。

目前在化学工程、化学合成、制药工业、分析化学和生物化学过程等领域，微反应器技术是最有创造性和发展最快的技术之一。

（1）微反应器在聚合反应中的应用

聚合反应对反应器的传热和混合有很高的要求，传统的釜式反应器在这方面的缺陷成为获得高性能聚合产物的瓶颈之一。近年来，微反应器逐渐被应用到聚合物的制备过程中，在调控产物相对分子质量、相对分子质量分布和组成，以及优化反应条件等方面展现出了巨大潜力，引起了业界的广泛关注。

（2）微反应器在合成化学中的应用

微反应器在传质、换热方面具有较明显的优势，不仅可以强化混合和精确控温，还可以大大缩短工艺筛选和工艺放大的周期。微反应技术在合成中的光化学反应和电化学反应中有着很广泛的应用。

（3）微化工技术的研究与应用

微化工技术是20世纪90年代初兴起的一个多学科交叉的科技前沿领域，它集微机电系统的设计思想和化学化工的基本原理于一体，借鉴了集成电路和微传感器制造技术，是一种高新技术。这项技术涉及化学、材料科学、物理学、化学工程、机械工程、电子工程、控制工程等各个工程技术和学科，其主要研究对象是特征尺度在数微米到数百微米间的微化工系统。

（4）微反应器内聚合物合成研究进展

微反应器作为化学工程学科的前沿和热点方向，正逐渐成为聚合物合成的新装备、新工艺与新产品开发的重要平台，得到学术界和产业界的广泛关注。与传统搅拌反应器相比，微反应器在控制聚合物相对分子质量分布、简化反应环境、提高反应选择性以及调节聚合物分子结构和宏观形貌等方面展现出了显著优势。

2. 微反应器实用节能新技术

通过微反应器，可以精确控制反应温度和反应物料按精确配比瞬时混合，这些都是提高收率、选择性、安全性以及提高产品质量的关键因素。石油和化工行业是高耗能且容易产生污染的产业，是节能减排的重点行业，发展微反应器技术，旨在为炼油化工技术升级换代起到一定的推动作用。

三、微反应器存在的问题

微反应器研究已经成为世界范围内化工领域传质传热科研的热点，但目前还存在以下两个问题。

1. 工业化实现难度较大

首先，微设备的数目放大虽然降低了单个设备的放大成本，但其整体处理能力还较小，目前主要适合生物制药、精细化工等处理量相对较小的领域。对于需要大处理量的化工生产，还有待于研究新型的微混合设备。其次，微反应器的数量放大看似简单，但实际实现起来却面临巨大挑战。当微反应器的数量大幅增加时，微反应器的监测和控制系统的复杂程度也会大大增加，这对于实际生产来说，成本会相对较高。

2. 微通道易堵塞，清理困难

新材料是国际高技术发展的重点领域和学科前沿，其中纳米材料的发展尤为迅速。在纳米材料的制备过程中，往往需要产物以均匀分布的颗粒形式形成或通过聚合反应得到。微反应器能实现瞬间混合，对于形成沉淀的反应，颗粒形成和晶体生长的时间基本一致，因此得到的颗粒粒径分布较窄。然而，微反应器微米级的通道尺寸以及内部复杂的通道结构，使得在制备颗粒材料时，反应器通道极易堵塞，且清理起来非常困难。这已成为微反应器制备过程中的一大难题。因此，开发具有高清洁性能和能够处理含固体体系的微混合反应设备显得尤为重要。

思考与练习

填空题

1. 通过阅读微反应器的相关内容，填写表 6－4－1。

表 6－4－1　　微反应器认知表

优点	缺点

2. 微反应器存在的问题有____________；____________。

参考答案

绪论

一、多选题

1. ABC　　2. ABCD　　3. ABC　　4. ABCD

二、简答题

1. 采用间歇式操作的反应器称为间歇操作反应器，其特点是所需的原料先一次性装入反应器内，然后在其中进行化学反应，经一定时间后，达到所要求的反应程度时卸出全部物料，其中主要是反应产物以及少量未被转化的原料。接着是清洗反应器，继而进行下一批原料的装入、反应和卸料。

2. 连续式操作的特征是连续地将原料输入反应器，反应产物也连续地从反应器流出，采用连续式操作的反应器称为连续操作反应器或流动反应器。

课题一　釜式反应器的操作

任务一　认识釜式反应器

一、单选题

1. D　　2. D　　3. C　　4. D

二、填空题

1. 壳体、搅拌装置、轴封装置、换热装置

2. 填料密封、机械密封

3. 夹套式、蛇管式、列管式、外部循环式、回流冷凝式

任务二　间歇釜式反应器的操作

一、多选题

1. ABCD　　2. ABC

二、填空题

1. 多硫化钠（Na_2S_x）、邻氯硝基苯（$C_6H_4ClNO_2$）、二硫化碳（CS_2）

2. 间歇反应釜、CS_2 计量罐、邻氯硝基苯计量罐、Na_2S_x 沉淀罐

三、简答题

1. 来自备料工序的 CS_2、$C_6H_4ClNO_2$、Na_2S_x 分别注入计量罐及沉淀罐中，经计量、沉淀后利用位差及离心泵压入反应釜中，釜温由夹套中的蒸汽、冷却水及蛇管中的冷却水控制，设有分程控制 TIC101（只控制冷却水），通过控制反应釜温度来控制主反应速度及副反应速度，来获得较高的收率及确保反应过程安全。

2. 开大冷却水，打开高压冷却水阀 V20；关闭 M1，使反应速度下降；如果气压超过 12 atm，打开 V12。

3. 开出料预热蒸汽阀 V14 吹扫 5 min 以上（仿真中采用）。拆下出料管用火烧化硫黄，或更换管段及阀门。

4. 釜温由夹套中的蒸汽、冷却水及蛇管中的冷却水控制。具体来说，前期主要是靠夹套换热器通蒸汽提高温度；反应进行中，由于反应放出大量热，所以依靠夹套换热器和蛇管冷却器通冷却水控制反应温度，如果温度控制困难，就增加冷却水流量。维持反应温度在 110～128 ℃。

5. 在压力过高时，可以微开放空阀，使压力降低，以达到安全生产的目的。压力最好控制在 3.5～4.0 atm，最高不超过 7 atm。

任务三　连续釜式反应器的操作

一、填空题

1. 反应工序、精制工序

2. 预处理、合成、转化

3. 合成工段

二、简答题

1. 原料为甲醇和一氧化碳。产品为质量分数大于 99.85% 的醋酸以及少量丙酸、氢气和二氧化碳。

2. 反应器、压缩机、闪蒸罐、冷却器

3. 来自一氧化碳总管的一氧化碳气体与来自中间槽区的甲醇及脱轻系统的助催化剂进入连续釜式反应器后，在催化剂的作用下反应生成醋酸，醋酸混合液经蒸发器分离后，产生的粗醋酸进入精馏系统。

4. 作用是在催化剂和助催化剂系统的作用下，使一氧化碳与甲醇发生羰基化反应生成醋酸，并带走反应所产生的热量。

任务四　釜式反应器的故障处理及维护

一、填空题

1. 0.1 MPa（表压）、15

2. 上、下、下、上

3. 非金属工具（与介质无反应的材料）

4. 强酸介质、含氟介质

二、简答题

1.（1）检查减速机润滑油是否足够。

（2）检查机械密封油盘内冷却油是否足够。

（3）检查机械密封动静环间的压紧程度是否适中。

（4）启动电机，检查搅拌桨是否按顺时针方向（从上往下看）转动。

2.（1）故障原因：轴承等传动件损坏。处理方法：更换新件

（2）故障原因：反应釜内温度低，物料黏度偏高或料面偏高。处理方法：调整操作条件

3.（1）故障原因：搅拌轴不直度过大。处理方法：校直或换轴

（2）故障原因：轴承间隙过大。处理方法：更换轴承

（3）故障原因：填料箱体磨损。处理方法：更换或修理

课题二　管式反应器的操作

任务一　认识管式反应器

一、单选题

1. D　2. B　3. C　4. A　5. A

二、判断题

1. √　2. ×　3. √　4. √　5. √

三、简答题

1. 环管反应器有 8 根（L1、L2、…、L7、L8）直筒体，长 55 m、直径 800 mm，外层套有夹套。顶部有 4 个（A1、A2、A3、A4）180° 弯头，中间有 4 个（C1、C2、C3、C4）连通管组件，底部有 2 个（B1、B2）180° 弯管组件，2 个（D1、D2）90° 弯管组件，2 个（E1、E2）短管组件。

2. 管式反应器的返混小，所需反应器体积较小，比传热面积大，但对慢速反应需要管很长，压降大，所以适用于气相、液相的反应；釜式反应器的适用性强，操作弹性大，连续操作时温度、浓度容易控制，产品质量均一，但高转化率时反应器体积大，所以适合液相、液液相、液固相的反应。

四、根据所学内容，完成下表

搅拌类型	结构特点	适用场合
水平管式反应器	无缝钢管与 U 形管连接而成	气相或均液相
立管式反应器	反应管竖立安装，以节省安装面积	液相氨化反应、液相加氢反应、液相氧化反应
盘管式反应器	管式反应器做成盘管的形式，设备紧凑，节省空间	适用于空间有限的生产场所
U 形管式反应器	U 形管的直径大，物料停留时间增长	反应速率较慢的反应
多管串联式反应器	多根管道采用串联的连接方式	气相反应和气液相反应，如烃类裂解反应和乙烯液相氧化制乙醛反应

续表

搅拌类型	结构特点	适用场合
多管并联式反应器	多根管道采用并联的连接方式	气固相反应，例如，气相氯化氢和乙炔在多管并联装有固相催化剂的反应器中反应制氯乙烯，气相氮和氢混合物在多管并联装有固相铁催化剂的反应器中合成氨
环管反应器	是一种封闭的环状管式反应器，由闭合环形管路、循环泵以及反应器的进出口组成	环管反应器多用于聚烯烃工业中，是生产聚乙烯（PE）、聚丙烯（PP）的主要设备之一

任务二　管式反应器的操作

一、单选题

1. D　2. B　3. B　4. C　5. A

二、判断题

1. √　2. √　3. ×　4. √　5. ×

三、多选题

1. AB　2. AC　3. ABCD　4. ABCD　5. AB

四、简答题

1. 来自 P200A/B 的烯烃进入反应系统，反应系统主要由两个串联的环管反应器 R201 和 R202 组成。来自界区的催化剂在流量控制下，进入第一个环管反应器 R201。来自界区的氢气在流量控制下，分两路分别进入 R201 和 R202。烯烃在催化剂作用下发生聚合反应，其中聚合反应条件如下：反应温度 70 ℃，反应压力 3.4～4.4 MPa。两个环管反应器内浆液的温度是通过反应器夹套中闭路循环的脱盐水系统来控制的。若夹套水需要冷却，则使水进入 E208 和 E209，通过 E208 和 E209 的冷却，降低夹套水的温度，以进一步降低环管反应温度，从而除去反应中所产生的热量。在装置开停车期间，为了维持环管温度恒定在 70 ℃，夹套水须通过 E204/E205 用蒸汽加热。夹套的第一次注水和补充水用脱盐水或蒸汽冷凝水。D203 上的两个液位开关控制夹套水的补充。

2.（1）反应器供料罐 D201 的操作。

（2）D301 罐的操作（操作前检查 D301 伴管是否通蒸汽）。

（3）反应器夹套水系统投用。

任务三　管式反应器的故障处理及维护

一、单选题

1. B　2. D

二、填空题

1. 故障现象：（1）PIC301 压力为 0；（2）D301 温度降低。

处理方法：终止反应，按正常停车步骤停车。

2. 故障现象：（1）TIC242 温度升高；（2）TIC252 温度升高。

处理方法：按紧急停车步骤处理。

3. 故障现象：FIC201 流量为 0。

处理方法：按正常停车步骤停车。

4. 故障现象：（1）R201 反应器压力增加；（2）R202 反应器压力降低；（3）反应温度降低。

处理方法：（1）快速恢复带连接阀；（2）调节反应器压力；（3）调节反应器温度（4）各仪表恢复到正常数据。

5. 故障现象：（1）去 R201 的冷却水中断；（2）R201 反应温度上升；（3）DIC241 密度下降。

处理方法：（1）快速启动备用泵 P207；（2）调整反应器温度；（3）各仪表恢复到正常数据。

6. 故障现象：（1）FIC202C 流量为 0；（2）FIC201C 流量为 0。

处理方法：（1）观察反应；（2）按正常停车步骤停车。

7. 故障现象：（1）R201 反应温度下降；（2）R201 反应密度急速下降；（3）R201 反应压力下降。

处理方法：按紧急停车步骤处理。

三、简答题

1. 管式反应器的振动通常有两个来源：一是超高压压缩机的往复运动造成的压力脉动的传递，二是反应器末端压力调节阀频繁动作而引起的压力脉动。

2.（1）经常检查管式反应器振动是否异常。

（2）要经常检查钢结构地脚螺栓是否有松动，焊缝部分是否有裂纹等。

（3）开停车时要检查管子伸缩是否受到约束，位移是否正常。

（4）检查管式反应器的操作压力和温度是否正常。

（5）检查气体泄漏报警系统是否失灵。

（6）检查与处理超高压阀的泄漏。

（7）检查与处理蒸汽、水管道的泄漏。

课题三　塔式反应器的操作

任务一　认识塔式反应器

一、填空题

1. 气液相、传质、传热、分离或净化

2. 板式塔、填料塔

3. 塔体、支座、内部构件、附件

4. 吸收塔、填料塔

5. 精馏塔、吸收塔和解吸塔、萃取塔、洗涤塔

6. 传质、传质效率、高、大、高、小

二、单选题

1. B　2. B　3. C　4. C

任务二　填料塔反应器及操作

一、填空题

1. 溶解程度、气体混合物
2. 物理吸收、化学吸收、吸收塔
3. 塔体、内件、支座、附件
4. 壁流、下降、液体再分布器
5. 液泛、返混
6. 液膜、液体喷淋密度、表面润湿性能

二、单选题

1. A　2. B　3. A　4. C　5. D　6. A

任务三　鼓泡塔反应器及操作

一、填空题

1. 气体分布器、气泡、传质
2. 空心式鼓泡塔、多段式鼓泡塔、气提式鼓泡塔、液体喷射式鼓泡塔
3. 塔体、塔底气体分布器、塔顶气液分离器
4. 返混
5. 安静鼓泡区、湍动鼓泡区、栓塞气泡流动区
6. 塔底气体分布器的小孔分散、液体的湍动使喷出的气流破裂
7. 塔底气体分布器小孔、静压力

二、单选题

1. A　2. C　3. A　4. D

三、判断题

1. √　2. ×　3. ×　4. √

课题四　固定床反应器的操作

任务一　认识固定床反应器

一、单选题

1. A　2. B　3. C

二、填空题

1. 绝热式、换热式
2. 绝热式固定床、单段绝热式反应器、多段绝热式反应器
3. 中间间接换热式、冷激式、非原料气冷激式、原料气冷激式
4. 催化剂、载热体

三、简答题

1. 固定床反应器是流体通过静止的固体颗粒所形成的床层而进行反应的装置。
2. 在放热反应时，通常在换热式反应器的轴向存在一个最高的温度点，称为“热点”。

3. 工业生产上降低热点温度采用的措施有：①在原料气中带入微量抑制剂；②在原料气入口处附近的反应管上层放置一定高度为惰性气体稀释的催化剂，或放置一定高度已部分老化的催化剂；③采用分段冷却法。

任务二　固定床反应器的操作

一、填空题

1. 活性、比活性、转化率、空时收率

2. 再生、暂时性中毒、物理中毒

二、简答题

1. 工业上为了保持两种或两种以上物料的比例为一定值的调节叫比值调节。

2.（1）蒸汽处理；（2）空气处理；（3）通入氢气或不含毒物的还原性气体；（4）用酸或碱溶液处理。

任务三　固定床反应器的故障处理及维护

一、填空题

1. 催化剂中毒

2. 跑、冒、滴、漏、振动

二、简答题

1. 催化剂过热，活性降低，加速老化。

2. 故障现象：反应器温度超高，会引发乙烯聚合的副反应。处理方法：增加 EH－429 冷却水的量。

3. 检查和校验压力表；用超声波测厚仪测定与容器相连接管道、管件的壁厚；检查各紧固件有无松动现象；检查反应器外表、防腐层是否完好，对反应器壁外表的锈蚀情况要绘制简图予以记载；短期停反应器时必须保持正压，防止空气进入烧坏催化剂；长期停反应器，还必须定期检修停反应器所做的各项检查。

课题五　流化床反应器的操作

任务一　认识流化床反应器

一、单选题

1. A　2. B　3. C　4. A　5. C

二、判断题

1. √　2. ×　3. √　4. ×　5. √

三、填空题

1. 筛网、多孔格子板、百叶窗的导向挡板

2. 沟流、腾涌、大气泡

3. 固定床、初始或临界流化床、流化床、气流输送床或稀相输送床

4. 乳化相、气泡相、尾涡

5. 床层内固体颗粒之间的传热、颗粒与流体间的传热、床层与器壁或换热器表面的传热

四、简答题

1.（1）可以使用小颗粒催化剂。

（2）床层温度分布比较均匀。

（3）颗粒从床层移除和加入方便。

（4）需要的换热器的传热面积小。

（5）压降比较恒定。

（意思正确即可）

2.（1）流化床一般达不到固定床的转化率。

（2）容易造成催化剂的破碎和损失，增加除尘的困难。

（3）管道和容器的磨损严重。

（意思正确即可）

3. 旋风分离器是一种靠离心作用把固体颗粒和气体分开的装置。含有催化剂颗粒的气体由进气管沿切线方向进入旋风分离器内，在旋风分离器内做回旋运动而产生离心力。催化剂颗粒在离心力的作用下被抛向器壁，与器壁相撞后，借重力沉降到锥底，而气体则由上部排气管排出。

4.（1）均匀布气的同时压降要小。

（2）使流化床有良好的起始流化状态，避免形成沟流、死区等异常现象。

（3）操作过程中不易被堵塞和磨蚀。

（4）高温反应时，还应注意分布板的材质和结构的选择，避免高温变形，影响气流分布。

任务二　流化床反应器的操作

一、单选题

1. A　2. A　3. B　4. A　5. A　6. A　7. D

二、多选题

1. ABCD　2. ABCD　3. ABC　4. ABCD　5. AD

三、填空题

1. 改进聚合物的本征黏度，满足加工需要。

2. 丙烯进料量为 0.0 kg/h

3. 在床内加设内部构件、减小气速、减小床层的高径比

4. R401 压力、3.0 MPa、0 MPa

5. 流化床反应器的开车准备、流化床反应器的干态开车操作、流化床反应器的停车操作、流化床反应器正常工况的维持、本体聚合流化床反应器常见异常现象与处理方法

四、简答题

1.（1）降共聚反应器料位。

（2）关闭乙烯进料，保压。

（3）关丙烯及氢气进料。

（4）氮气吹扫。

2. 原因：压缩机 C401 停

处理方法：关闭催化剂来料阀 TMP20；手动调节 PC402，维持系统压力；手动调节 LC401，维持反应器料位。

五、根据所学内容，完成下面的方框图

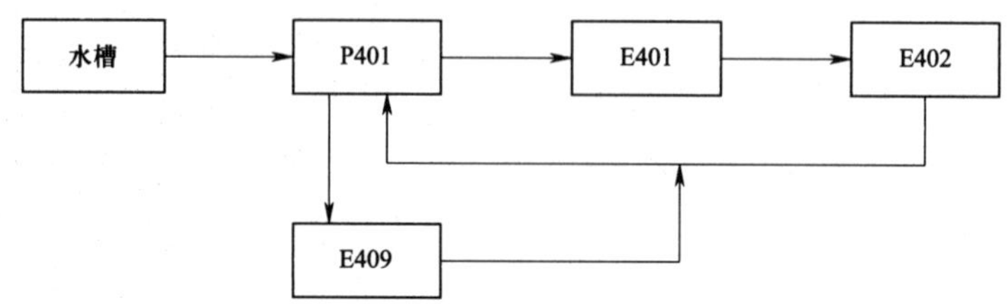

任务三　流化床反应器的故障处理及维护

一、单选题

1. C　　2. A

二、填空题

1. 故障原因：旋风分离器堵塞

处理方法：调节进料物质的量比及压力、温度，如无效，则停车处理。

2. 故障原因：反应器保温、伴热不良，蛇管内热水温度低，反应器内产生冷凝水，导致催化剂结块。

处理方法：加强保温及伴热效果，提高蛇管的热水温度。

3. 故障原因：反应器保温、伴热不良，蛇管内热水温度低，反应器内产生冷凝水。

处理方法：不停车带压堵漏，如无法修补，则应停车，更换新件。

4. 故障原因：制造质量差，腐蚀冲刷或停车时保护不良。

处理方法：立即停车，清空，进行修补或更换冷却蛇管。

5. 故障原因：垫片变形导致螺栓把紧力不均匀。

处理方法：紧固法兰螺栓，或更换垫片。

6. 故障原因：分布器或挡板被催化剂堵塞。

处理方法：重新调整进料物质的量比，如无效，停车清理分布板或挡板。

三、简答题

1. 流化床反应器的日常操作维护主要围绕气体分布装置、内部构件、换热装置、气固分离装置等组成部件进行。

2.（1）出料气体夹带催化剂。

（2）回收催化剂管线堵塞。

（3）回收催化器插入管阀门腐蚀穿孔。

（4）蛇管泄漏。

（5）大法兰泄漏。

（6）反应器流化状态不良。

课题六　其他形式反应器的操作

任务一　移动床反应器

一、填空题

1.

表 6-1-1　移动床反应器各燃料层特性认知表

区域名称	用途及进行的过程	化学反应
灰层	4.53 MPa、435 ℃的过热蒸汽和夹套自产蒸汽与 110 ℃的氧气混合后，约 350 ℃进入气化炉炉箅，经灰床分布、与灰渣换热，灰渣由约 1 000～1 100 ℃被冷却 450 ℃，排入灰锁。气化剂被加热后上升到燃烧层	无
燃烧层	在燃烧层，煤与 O_2 的反应，放出大量的热，上升的气化剂被加热到约 800～1 000 ℃，下降的灰的温度接近 1 000 ℃	$C + O_2 = CO_2 + 393.7$ kJ/mol $2C + O_2 = 2CO + 220.9$ kJ/mol
气化层	来自燃烧层的上升气体主要含有 CO_2 和水蒸气，在气化层约 850 ℃的平均温度下进行化学反应	$C + H_2O = CO + H_2 - 131.4$ kJ/mol $C + 2H_2O = CO_2 + 2H_2 - 90.2$ kJ/mol $CO + H_2O = CO_2 + H_2 + 41.2$ kJ/mol $C + CO_2 = 2CO - 172.4$ kJ/mol $C + H_2 = CH_4 + 74.9$ kJ/mol
干馏层	煤被上升煤气加热，焦油和少量的 H_2、CO_2、CO、H_2S、NH_3 从煤气中分解出来。CH_4 和 C_2^+ 以上的烃类从煤中逸出，在干馏层生成酚、吡啶、萘等有机物并分解出来	无
干燥和预热层	由煤锁加到气化炉的煤在干燥和预热层被干燥并加热至 300 ℃。此时煤的表面水分和吸附水被蒸发	无

2. 气化炉排出灰渣的状态、原料煤的灰熔点、煤气中 CO_2 含量

二、多选题

ABCD

任务二　气流床反应器

一、填空题

1.

表 6-2-1　气化设备认知表

气化工段主要设备	主要作用
气化炉	气化炉的作用是使水煤浆与氧气在反应室进行气化，生成以氢气和一氧化碳为主的高温煤气

续表

气化工段主要设备	主要作用
喷嘴	借高速氧气流的功能将水煤浆雾化并充分混合，在炉内形成一股有一定长度黑区的稳定火焰，为气化创造条件

2. 入炉煤的灰熔点、气体成分、高温热电偶、渣的形态、氧煤比

3. 煤的内在水分含量、pH 值

二、简答题

（1）水煤浆浓度：①煤的内在水分含量；② pH 值。

（2）氧煤比。

（3）气化反应温度。

（4）气化压力。

任务三　滴流床反应器

一、填空题

1.

表 6-3-1　　滴流床反应器认知表

优点	缺点
反应器中的液膜通常很薄，总的传质和传热阻力相对较小，气体在平推流条件下操作可获得较高的转化率；同时由于持液量小，可最大限度降低均相的副反应；并流操作的滴流床也不存在液泛问题	在大型滴流床反应器中，低液速下容易导致液体分布不均匀，出现沟流和短路现象，从而使催化剂无法完全润湿，催化剂的利用率以及反应转化率降低，又导致反应器内径向温度分布不均匀，形成局部热点，促使催化剂失活，影响催化剂的效率

2.

表 6-3-2　　滴流床反应器内部构件的作用

主要部件名称	主要作用
入口扩散器、气液分配盘	改善油气混合物与催化剂的接触状况，使流体进一步分布均匀，即物料达到均匀分布及气（氢气）、液（油）、固（催化剂）三相高效接触，理想的气液分配应使三相的接触程度达到 85% 以上
催化剂支撑盘	滴流床反应器内催化剂为分层装填，不同层催化剂间的催化剂支撑盘为支撑固定催化剂使用
急冷氢	每段催化剂床层中间注入冷氢，以控制加氢放热反应引起的催化剂床层温度上升，为上一床层来的高温热物料换热降温，送入下一床层

3. 反应温度、反应压力、氢油比、空速

任务四　微反应器

填空题

1.

表 6-4-1　　微反应器认知表

优点	缺点
比表面积大，传递速率高，接触时间短，副产物少	工业化实现复杂
快速、直接放大	微通道易堵塞，难清理
安全性高	
操作性好	

2. 工业化实现难度较大；微通道易堵塞，清理困难